JN112397

脱炭素社会の大本命
自家消費型太陽光発電がやってくる!

なぜ太陽光発電なのか?
なぜ自家消費型なのか?
が分かる一冊

株式会社和上ホールディングス代表取締役
石橋大右
Daisuke Ishibashi

現代書林

はじめに

はじめまして、株式会社和上ホールディングスの代表を務めております石橋大右と申します。このたびは、本書『脱炭素社会の大本命「自家消費型太陽光発電」がやってくる！』を手に取っていただき、ありがとうございます。

本書は自家消費型という、間違いなくこれからの主流となる太陽光発電についての解説や私たちからの提案、そしてこれからの太陽光発電、ひいてはエネルギー供給と利用のあり方についての提言で構成されています。本書の内容は個人ではなく、企業など事業者の皆さんに向けたものです。

本書を通じて私がお伝えしたいのは、たった一つです。それは、太陽光発電というこれからの時代を担っていく極めて重要なエネルギーを、特に事業者の皆さんにとってどんなメリットがあるのかをお伝えし、なぜ導入する必要があるのかという提言です。

事業において電力を消費する事業者の皆さんに太陽光発電を導入するメリットをお伝えし、より良い形で社会全体への普及が進み、ひいては持続可能な経済・社会システムの構築につなげていきたいという思いがあります。

折しも、2020年10月に発足した菅内閣の所信表明演説で、菅総理は脱炭素社会の実現を重要な政策課題に掲げ、2050年までにカーボンニュートラルを実現すると宣言しました。これはもちろん人気取りのための宣言ではなく、世界的に起きている脱炭素社会の大きな潮流に沿ったものです。すでに世界は脱炭素への歩みを始めており、脱炭素を満たしていない企業や国家はグローバル経済から相手にされない時代が到来しようとしています。

すでに自動車業界はEV（電気自動車）に向けて大きく舵を切りました。そしてサプライチェーンにおいてもESG投資の潮流が起き、脱炭素に逆行する企業は大手企業から取引してもらえなくなりつつあります。

こうした時代において重要なカギを握るのが、脱炭素エネルギーの大本命である太陽光発電と、それをいかに効率よく利用するかというインフラ整備です。本書でお伝えする自家消費型太陽光発電は、脱炭素社会を実現するプロセスにおいて絶対に欠かせないものです。

太陽光発電はこれまで、時代の大きなうねりの中で常に変化を続け、ある意味翻弄されてきた部分があります。

脱炭素時代を担う再生可能エネルギーの大本命であることは間違いないのですが、それをビジネスチャンスとしてことさらに過大評価したり、イメージアップのためだけに利用されたりと、太陽光発電が持つ本来のポテンシャルが発揮されていないのではないかと感じることもしばしばです。

それでも、太陽光発電の普及が進むことは喜ばしいことであると前向きに捉えてきました。

しかし、ここにきて事情が少々変わりつつあります。その最大の理由は、FITと呼ばれる電力の固定価格買取制度が永遠に続くものではないことと（20年で終了します）、FIT終了後には買取価格の大幅な下落が不可避であることです。電力の買取価格は太陽光発電投資の収益性に直結するため、買取価格の大幅な下落は採算にも重大な影響を及ぼします。

当社は、太陽光発電の普及に黎明期から尽力をしてきた担い手として、この状況に対してある提案をしています。それは、電力の自家消費です。「自社で保有する発電施設で作った電力は、自社で使う」というシンプルなモデルです。自家発電と自家消費によって独立した電力供給システム、もしくはそれに近いモデルを強く推奨しています。

もちろんこれは当社が考案したものではなく、すでにある概念です。ではなぜ私たちがこの自家消費に注目しているのかと言いますと、このモデルには期限的なリミットがなく、機器のメンテナンスさえしていけば恒久的なモデルになり得るからです。

これなら太陽光発電のメリットがより長く、そして確実なものになります。しかも、脱炭素社会の実現に向けて取り組みが急務となっているRE100やSDGs、ESG投資に代表されるような持続可能な社会システムの実現に向けた企業への社会的要請が強まる中、太陽光発電を導入することはもはや「あればいいメリット」ではなく、必須の取り組みになりつつあります。

これからの企業は、太陽光発電とどう向き合うべきか？

メリットを最大化し、味方につけるにはどうすればよいのか？　こういった問いに対する答えを、本書ではしっかりと解説、お伝えいたしますので、ぜひ最後までお読みになり、これからの指針に役立てていただければと思います。

2021年4月

石橋　大右

目　次

第3章　自家消費型太陽光発電とは

第4章　今後、自家消費型が主流になる理由

自家消費型太陽光発電を導入するまで

第6章　当社からの提言

第 1 章

太陽光発電の今日までの歩み

夢の次世代エネルギー、太陽光発電

1954年にアメリカのベル研究所で、太陽電池が発明されました。これが、太陽光発電の「誕生の日」です。しかし、その実用化まではずいぶん長い年月を必要としました。

当時は石油の価格もそれほど高くはなく、環境への意識などほとんどない時代でした。石油と比べてコストのかかる太陽電池に対して、社会はほとんど関心を抱かなかったのです。それから数十年の歳月が流れて、太陽光発電が実用化されたのは1990年代になってからのことです。普及当初は家庭向けのものが主流でした。

この当時の太陽光発電に対するイメージは、「地球に優しい次世代のエネルギー」というものでした。太陽光は太陽がある限り永遠に続くものなので、まさに無尽蔵のエネルギーです。太陽など自らが光を放つ恒星はいつかその生涯を終える時が来ますが、それは数十億年後のことなので、今の人類にはおそらく関係のないことでしょう。つまり無尽蔵のエネルギーという表現に偽りはないということです。

この無尽蔵のエネルギーから電力を生み出すことができるのですから、この当時は地球上のすべての電力消費を太陽光発電に切り替えることができれば、エネルギーや環境などのあらゆる問題が解決する！　と息巻いていた論者もいたものです。理論的にはさもありなんという印象を受けますが、それが本当であるかどうかは、後述していきます。

普及が始まった当初は、まだ太陽光発電を事業として捉え、環境ビジネスとして有望視する考え方はまだまだ少数派でした。

太陽光発電の普及を促進した二大制度

太陽光発電に多くのメリットがあることは当初から認識されていたので、これを普及させるためにある制度が設けられました。それは、太陽光発電システム設置代金に対する補助金制度と、一定期間の固定価格買取を約束するFITです。

すでにヨーロッパなどの主要国では始まっていた制度で、環境分野で主導権を握りたい日本でも導入するべきであるという機運が高まりました。

こうして家庭向けに1994年度から始まった国による太陽光発電への補助金制度と2009年から始まったFITは、家庭用太陽光発電の普及に大きな役割を果たしました。

そもそもなぜ日本だけでなく諸外国で補助金という発想が生まれたのかと言いますと、その当時の太陽光発電システムはとても高価で、不動産に準ずる規模の価格になることが珍しくなかったからです。

太陽光発電システムの「単価」を比較するには１kW あたりの価格を用いますが、補助金が始まる前の1993年では、なんと１kW あたり370万円という莫大な費用を必要としていました。今では数分の一にまで機器類の価格が下落しているので、太陽光発電システムの価格に対する捉え方も大きく変化しています。

ちなみに１kW あたりの価格はその後順調に下落を続け、2006年には１kW あたり68万円にまで低くなっています。それまでと比較しても緩やかに価格の下落傾向が続いているので、もう補助金の必要はないということで、すでに国による補助金制度は終了しています。

一方の FIT は2009年の導入時に最高額の１kW あたり48円という買取額が設定されており、家庭向けの場合はこの価格で10年間の電力買取が約束されるという破格の条件は多くの人を引きつけました。

その後、FIT による買取額は徐々に下落を続け、42円、38円、37円といった具合に下落をした上で、2019年からは家庭向けの FIT 買取期間である10年が満了する人が順次出てきているという状況にあります。家庭向けの太陽光発電で

「卒 FIT」という言葉を目にすることが多くなったのは、こうした事情を表しているものです。

このように、すでに普及のための施策はその役目を終えようとしています。これは事業者向けにおいても同様で、今後は特別な「ターボエンジン」がない状況下での太陽光発電利用という新たな段階に入っていきます。すでに役割を終えているとは言え、これらの施策が太陽光発電の普及に果たした役割は大きかったというのが大勢の見方です。

当社としても補助金制度があるからこそ太陽光発電システムを設置したいという個人のお客様からのご依頼を多くいただいたという実感を持っていますので、その功績は大きかったと感じています。

夢のエネルギーは、有望な投資案件に

ここからは、本書のテーマである事業者向け太陽光発電のお話です。それまで「地球に優しく、お財布に優しい」というイメージで普及が進んでいた太陽光発電ですが、産業用太陽光発電という新しい概念の登場により、環境ビジネスの有望な投資案件へと変貌を遂げました。

家庭用の太陽光発電はあくまでも自家消費が基本軸であり、

それ以上に余った電力があればそれを電力会社が買い取るという仕組みになっていますが、産業用の場合は全量買取と言って、電力のすべてが売電の対象になります。

つまりこれは発電所の設置という設備投資をした上で売電収入という「利回り」を狙う環境ビジネスであり、2012年から始まった産業用太陽光発電を対象にした固定価格買取保証制度（つまり産業用太陽光発電版のFIT）が始まってからは急速に普及が進みます。

しかし、この時点でも太陽光発電の発電コストは依然として他の発電方法よりも高く、環境ビジネスとして単体で成立するものではありませんでした。制度としてのFITが用意されていたのも、それがなければ企業などが太陽光発電ビジネスに参入する動機になり得ないからです。

しかしこの産業用太陽光発電は、売電による収入だけでなく別次元のメリットが注目されるようになります。そのメリットは、主に三つあります。

①事業向けFITにより収益が安定化、太陽光発電の投資商品が登場

産業用太陽光発電では20年間の固定価格買取が保証されています。少なくとも20年間の利回りを確定させることが

できるため、環境ビジネスとしての安定感が増しました。この仕組みを利用して投資法人が太陽光発電所を保有し、投資家からの出資に応じて売電収入を分配する「インフラファンド」という投資商品も登場しました。

2020年10月現在、東証には「タカラレーベン・インフラ投資法人」「いちごグリーンインフラ投資法人」などをはじめとする七つの銘柄が上場されており、これらはいずれも太陽光発電所の運営による売電を収入源としています。

このように環境ビジネスをビジネスモデルとする投資商品が流通していることは、太陽光発電が環境ビジネスとして機能している証拠であり、こうした流れが加速することは望ましいと考えます。

②自家消費型の登場で太陽光発電は次の進化へ

工場を持つメーカーなどにとって、電力の安定供給は企業活動を守っていく上でとても重要です。データセンターを運営するIT企業についても事情は同じでしょう。そのリスク管理の一環として太陽光発電に着目する企業が増えています。

太陽光発電によって電力の自給自足を確立することにより、企業には災害時の送電ストップや、資源高によって今後あり得る電気料金の値上げなどのリスクに対応することができるため、先進的な企業の中には「電力は自分で確保するもの」

という考え方が浸透しつつあります。

さらに、産業用太陽光発電の事業化によって新たな収入源の確保という道も開かれます。環境ビジネスによる収益化にはノウハウが必要になりますが、自社の工場や空き地などに太陽光パネルを設置して売電ビジネスに参入することは新たな収入源の確保という意味においても経営リスクを削減する効果があるでしょう。

さらに現在では自社で土地を所有していなくてもビジネス化が可能なスキームや農業と連携できる技術も確立しているので、必ずしも有望な土地がなくても事業参入が可能です。これについての詳細は、後述します。

③環境への取り組みが企業の存亡に関わる

当初、企業が産業用太陽光発電に参入することは「環境意識の高い企業である」というアピールをする効果があると考えられていました。家庭用太陽光発電の普及が進むにつれて認知度が高まり、その効果を狙った企業が続々と自社の敷地内に太陽光パネルを設置するなどの動きが見られたのですが、思惑通りのアピール効果が得られなかった印象がありました。

しかし今は違います。台風の大型化や強力化といった問題に直面し、その一因とされる地球環境や気候変動への関心が高まり、太陽光発電に取り組んでいることがCSR（企業の社会的責任）の一環として価値があるものと見なされるようになりました。

まだ日本国内では本格的なムーブメントとはなっていませんが、欧米などの企業では電力をどこから調達したか、何をエネルギー源とする電力なのかという「電力の質」への関心が高まり、それがESG投資やRE100など新しい企業価値の概念となっています。

つまり、化石燃料を使った電力は時代遅れであり、これからは電力の質が高い企業が支持されるという潮流です。日本でも同様の価値観が浸透すると、太陽光発電に取り組んでいることが企業価値を高め、ひいては外国人投資家からの出資を呼び込みやすくなります。

環境への取り組みが企業の存亡に関わるという未来が、すぐそこまで来ているのです。

「災害に強いエネルギー」としても注目を集める

阪神淡路大震災や東日本大震災など、大規模な自然災害を契機に太陽光発電が災害時の非常用電源として注目されるようになりました。

これまでの災害と違って太陽光発電を導入した事業所が一定の比率である中で起きた大規模災害であり、停電を余儀なくされた状況下でも自社で使用する電力を確保でき、事業を継続できた企業があったことは、太陽光発電の新たなメリットとして注目されました。環境保護や経済性というメリットに加えて、災害時に頼もしい存在であるという認識が広がったのです。

とは言え、太陽光発電があるといっても万能ではありません。日光が出ている昼間の時間帯でなければ発電はできませんし、曇りの日や雨の日は十分な発電ができません。

仮に十分な日光が降り注いでいたとしても、発電設備の規模や構成によっては太陽光発電だけで自家消費する電力のすべてをまかなうには足りません。あくまでも非常用の電源という位置づけですが、それでも電力が完全にストップしてしまうことに比べると、太陽光発電がリスクヘッジになることは明白です。

それでも太陽光発電の重要性は増すばかり

夢のエネルギーとまで言われた太陽光発電ですが、その存在は必ずしもバラ色一色ではありませんでした。事業者が設置した太陽光発電所における公害や災害など、その存在に対して疑義を唱えたくなるような事例もあります。

「野立て」と言って、地面に直接太陽光パネルを設置する形態があります。この形態は遊休地の有効活用につながるとして、山間部や農村地帯などに多く設置されるようになりました。

もちろんこれらは歓迎すべきことなのですが、問題はそれらの発電所の計画や造成工事の中身です。住宅に隣接する場所で太陽光発電所を設置すると、太陽光パネルからの反射光が近隣の住宅に当たってしまい、それが光害（光の公害）になってしまうことがあります。

また、河川の堤防に近い場所に太陽光発電所を設置し、堤防の一部を切り崩してしまったばかりに大雨で堤防が決壊、それが洪水に発展してしまったという事例が、2015年に起きた鬼怒川水害です。この災害について詳しくは後述しますが、太陽光発電が今後さらに市民権を獲得していくために重要な示唆をもたらした事例でした。

その他にも太陽光発電所を設置するために山を切り崩し、それが原因で土砂崩れが起きた事例などもあります。これらも、夢のエネルギーであるはずの太陽光発電が、必ずしも人を幸せにしないというイメージがついてしまった、極めて残念な事例です。

災害そのもののダメージも甚大ですが、これを設置・運営していた事業者にとっても致命的なダメージになったはずです。もっと言えば、この太陽光発電所を造成し、設置した施工業者にとっても多大なダメージになったはずです。

太陽光発電が持つ有用性をいかに安全かつ人類を幸せにする形で発展させていくか、これからの太陽光発電は次のフェイズに突入し、ただ普及させるだけでなくその中身が問われていくのです。

全国地球温暖化防止活動推進センターが発表した2016年のデータでは、世界で二酸化炭素を最も排出しているのは中国で、全体の28%です。次にアメリカが15%、インドが6.4%と続き、日本は５番目の3.5%です。３位のインドまでで約半数を占めているため、本当に有効な排出削減をするのであれば、この３ヶ国が本格的に取り組まなければなりません。

しかし、アメリカはパリ協定から離脱し、少なくとも二酸化炭素排出削減の観点から言うと、環境保護の枠組みから距離を置く姿勢を鮮明にしています（2021年、復帰を表明）。中国やインドについても経済が高度成長期にあり、環境問題よりも経済成長を優先する傾向が強いため、すでに高い意識を持って行動をしてきた日本やヨーロッパがどれだけ頑張っても、削減できる量は限られています。

中国に至っては「これまで先進国が排出してきた分と同じだ」という姿勢なので、世界が一枚岩になるのは非常に困難と言わざるを得ません。

もちろん、上位3位までの国々についても何もしていないわけではありません。

企業レベルでは太陽光発電をはじめとする再生可能エネルギーの積極的な利用など、企業価値を高める目的も含めて具体的な行動を起こしている事例が数多くありますし、インドについてはこれから経済発展をする国として環境との共存を国家的なポリシーとして掲げているため、新たな成長モデルを実現できるかもしれません。

一人ひとりができることはそれほど大きくはないかもしれませんが、それが集まると大きな力になります。

当社は太陽光発電という具体的な手段を持っており、それをお客様にご提案するだけでなく自社でも発電所を運営する形で取り組んできました。この流れを加速させたいという思いで、いま私たちは太陽光発電の自家消費を提唱、推進しています。

自家消費型太陽光発電の位置づけは「ベター」から「マスト」へ

太陽光発電の普及を推進する上で、当社は自家消費を提唱しています。それではなぜ今、自家消費なのでしょうか。詳しくは次章以降で解説していきますが、大きな要点は以下の三つです。

①補助金の有無やFITなど国の施策に振り回されることがない
②メリットに持続性がある
③企業の責務となりつつある環境への取り組みを実践できる

これらの要点について理解していただくと、企業にとっての太陽光発電が今や「メリットのあるもの（ベター）」ではなく「取り組むべきもの」、さらには「取り組まなければならないもの（マスト）」となりつつあることがお分かりいただけると思います。

第2章

投資対象としての太陽光発電

今や太陽光発電は「ビジネス」である

本書をお読みになっている時点で、太陽光発電が今や環境ビジネスの大本命であり、すでにビジネスとして成立しており市場も確立していることはご存じだと思います。国の補助金やFITといった支援がなくても、自立したビジネスとして成立する時代が到来しています。

コストはかかるがCSRの一環として取り組むべき、企業のアピールに役立つので赤字覚悟でもやるべき、といったイメージはもはや過去のものであることを前提にしていただきたいと思います。

それを成立させることに重要な役割を果たしているのが自家消費なので、この構図についても頭に置いておいていただけると、以降の解説を理解していただきやすくなると思います。

太陽光発電はビジネス、投資である。この前提をもって、次に進んでいきましょう。

太陽光発電に投資する方法

それでは、太陽光発電に投資する方法にはどんなものがあるのでしょうか。主なものを挙げてみると、以下のようになります。

①太陽光発電所の設置、運営

「野立て」と言って、地面に太陽光発電設備を設置して発電所を運営する方法です。遊休地や過疎地、休耕地などに太陽光パネルを設置して発電所として運営するビジネスモデルが有名です。

②中古発電所の購入、運営

①は既存の発電所がないところに発電所を開発する形なので、いわば「新規」です。それに対してこちらは既存の太陽光発電所を購入し、それを運営する方法です。セカンダリー市場と言って中古の太陽光発電所が取引される市場が確立しているので、それを通じて稼働中の発電所を購入すれば手軽に投資を始めることができます。

当社もセカンダリー市場に参入しており、「とくとくファーム」という中古発電所の取引サイトを運営しています。

③インフラファンドの購入、保有

太陽光発電所を設置、運営する投資法人に対して投資をする方法です。証券取引所にインフラファンドという形で上場している銘柄群があるので、これらを購入して保有することで利益の分配を得ることができます。発電所の現物を購入する必要がないため、最も手軽かつ少額から始められる太陽光発電投資と言えるでしょう。

④(番外編)ソーシャルレンディングへの投資

インフラファンドは上場している銘柄群ですが、それとは別にソーシャルレンディングの仕組みを利用して投資家からの出資を募り、それを元手に発電所を運営して利益を分配するスキームがあります。

インフラファンドと比べると高利回りの案件も見られますが、ソーシャルレンディングは運営の不透明さや遅延などが多数発生しているため、あまり推奨はできません。そのため番外編としました。

さて、ここまで3＋1つの方法についてご紹介しましたが、これらはすべてFITによる固定価格買取を前提としたものです。20年間は固定価格による売電が可能なので利益を見込みやすいため、買取期間は安定したビジネスモデルなのですが、問題はそれが終了した後です。

本書のテーマである自家消費型太陽光発電は、FITによる買取を前提としていません。誰かが買い取ってくれなくても問題がないというのが強みなので、これら①から④までとは別次元の太陽光発電投資です。

売電を前提とした太陽光発電の限界

産業用太陽光発電の特徴は、全量売電です。家庭用の場合は余剰電力を売電に回すのが基本的な形ですが、産業用の場合は全量を売電に回し、その売電収入を収入源としたビジネスモデルです。発電した電力をすべて売ってしまうので、電力を自社で消費することを前提とする自家消費型とは全くの対極にあるシステムと言えます。

対極にある両者ですが、この産業用太陽光発電の分野にも全量自家消費型の概念が登場しています。なぜ対極とも言える全量自家消費型が登場したのでしょうか。そこには、売電を前提とした太陽光発電が持つ本質的な課題があります。

その課題とは、買取価格です。買取保証がある20年間は固定価格による買取を見込むことができると述べてきましたが、その買取価格も年々下落しています。FITがあっても年々下落しているのですから、FITという「ハシゴ」を外された後がどうなるかは言うまでもないと思います。

商売とは本来、自社の商品やサービスを誰かが買ってくれることによって成り立ちます。その顧客を見つけるために営業活動があるわけですが、その顧客を探す必要がないのは企業にとって大きな魅力です。新規営業が不要、得意先回りも不要なのですから、太陽光発電を主力事業としたスモールビジネスを立ち上げることも十分可能です。

しかしそれは、採算の取れる買取価格が永久に続けばの話です。この課題が残る限り、太陽光発電ビジネスは時限ビジネスでしか成立できないのです。

電気料金と売電価格の推移

すでに述べてきている通り、電力の買取価格は年々下落しています。その一方で、電気料金は上昇し続けています。

平成24年度には1kWあたり40円だった買取価格が、その後36円、32円、29円……と下がり続け、令和元年には14円になっています。

最近になると単に10kW以上か未満かという分類だけでなく250kW以上、500kW以上といったようにメガソーラーからの買取を想定した価格設定になっています。特に500kW以上は入札によって決定する仕組みになっているため、14円を下回る価格になってしまうのは不可避です。

その一方で、電気料金についてはどうでしょうか。残念ながら電気料金は上昇を続けており、今後もこの傾向は変わらないと思われます。下の図は電気料金の単価を「マイナビニュース」がグラフ化したものですが、2010年から電気料金が右肩上がりで、しかもかなりのハイペースで上昇しているのが見て取れます。

詳しくは後述しますが、電気料金が今後上がり続ける理由

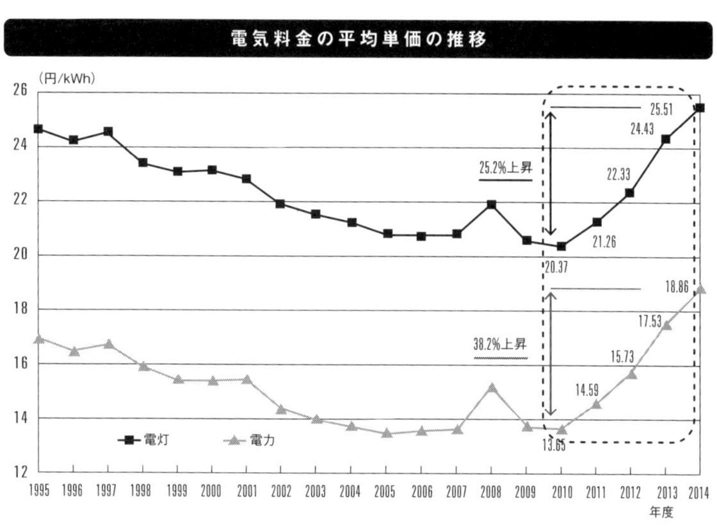

出典：電力需要実績確報（電気事業連合会）、各電力会社決算資料を基に作成

はたくさんあります。どれか一つの理由が解消されても他の理由が残り続ける限り、電気料金はほぼ間違いなく上昇し続けます。

買取価格は下がる、しかもFITはいずれ終わる、そして電気料金は高くなっていくのですから、いずれ買取価格と電気料金は同一になり、そして逆転します。

「それなら自分のところで発電した分は使った方がトクなのでは？」という発想が生まれてくるのは当然のことです。これが、自家消費型太陽光発電が持つ経済的メリットです。

持続可能な投資メリットを、自家消費型太陽光発電が実現

どんなに有望なビジネスであっても、それが時限ビジネスだとしたら、事業者はなかなか一歩を踏み出せないものです。それが世の中のトレンドの変化など構造的なものであれば仕方ないとも思えますが、太陽光発電ビジネスの前提となるFITは20年という期間が最初から決まっており、それを知りつつ参入するビジネスモデルです。

開始当初は20年後をあまりイメージしないかもしれませんが、それが19年目であったらどうでしょうか。「あと1年

でこのビジネスも終わる」と考えながら次のことを考えるのは負担ですし、そこに明快な答えがあるわけではありませんでした。自家消費型のモデルが登場するまでは。

発電した電力を自家消費して、本来買うはずだった電力を削減して事実上の売電効果を得るモデルには、期限がありません。しかも電気料金が高くなればなるほどその優位性も高まります。これが事業者向けに自家消費型太陽光発電をおすすめする最大の理由です。

今や、最初からFITをアテにせず自家消費を前提に太陽光発電に取り組むことも有効なのです。それでは次章では自家消費型太陽光発電についての基本から、ぜひ知っておいていただきたい知識を網羅していきます。

第3章

自家消費型太陽光発電とは

自家消費型太陽光発電とは?

自家消費型太陽光発電とは、自家消費を前提とした太陽光発電のことです。太陽光発電設備を自社で設置し、そこで生まれた電力を自社での事業活動に使用するモデルです。

一般的に太陽光発電と言えば余剰売電（自家消費して余った分を買い取りに回すこと）を想像される方が多いと思いますが、それは主に家庭向けのモデルです。家庭向けの場合は「日中の電力消費量が多い時間帯に太陽光発電による電力を使い、夜間は安い深夜電力を使う」という形をとることで光熱費の削減や環境性能などを両立することができます。

それに対して自家消費型と呼ばれているのは、主に事業者向けのものを指します。なぜなら、自家消費型と呼ばれる太陽光発電システムは10kW 以上の規模であることがほとんどで、この規模になると産業用太陽光発電と呼ばれ、家庭よりも事業者が設置しているものが大半です。

太陽光発電で生み出された電力をどう使うかが今後の大きな課題になる中、自家消費型は「自分で使うことでさまざまなデメリットを解消し、メリットを最大化するもの」とお考えください。

自家消費型の特徴と従来の投資システムとの違い

自家消費型の場合は、電力の用途として優先順位のトップが自社での消費です。自社で消費する電力として優先的に自家発電した分を回すのですから、その分だけ電力会社からの購入分が減ります。自家消費する電力の全部を太陽光発電によって自家発電することができれば、光熱費をゼロにすることも可能になります。

従来の産業用太陽光発電と言うと、全量売電が主流でした。全量売電は文字通り、発電した電力のすべてを自家消費ではなく売電に回すため、言わば真逆の考え方です。両者の違いを一覧表にまとめると、下のようになります。

自家消費型と全量売電型の違い

	自家消費型	全量売電型
電力の使い道	優先的に自家消費する	全部売電に回す
投資リターン	買電量の削減分	売れた分だけ収益になる
投資リスク	発電量の低下による 発電量の低下（＝供給力の低下）	発電量の低下、買取価格の低下、 買取が止められるリスクなど

全量売電の場合は電力量と売電量が比例するため、売電単価が高ければ高いほど投資リターンは大きくなります。しかし太陽光は自然のエネルギーなので、日照量の低下による発電量の低下はリスク要因です。

これについては自家消費型、全量売電型の両方に共通するものですが、全量売電型の場合は買取を前提としているため、買い手の事情が変わってしまうこともリスク要因になります。

自家消費型太陽光発電のシステム構成

自家消費型太陽光発電を導入する場合のシステム構成は、全量売電型とそれほど大差はありません。用地に太陽光パネルを設置して発電し、それを「売る」か「使う」かの違いしかないからです。どちらかというと電力の使い道の違いがあると言ったほうが現実に即しています。

しかし、さらに強力な自家消費システムを構築するとなると話は別です。太陽光発電には、夜間に発電ができないこと、さらに日中時間であっても天気が悪いと発電できないという重大な弱点があるので、太陽光パネルとパワーコンディショナーだけのシステム構成だと、自家消費できるのは発電している時間帯だけということになります。

この欠点を克服するために導入が進められているのが、蓄電池です。自社で設置した太陽光パネルで生み出された電力を日中は消費し、さらに余剰分を蓄電します。それを夜間や晴天以外の日に消費すれば、より強い自家消費型システムが完成します。

自家消費型太陽光発電の収益構造

自家消費型太陽光発電には、直接的な収入はありません。これだけオトクであると述べていながら矛盾しているようにお感じかもしれませんが、あくまでも自家消費しているため、売電のように何かを売った収入が入ってくるわけではありません。あるのは、「本来であれば使うはずだった電力を自家発電でまかなったので、その分が節約になった」という事実です。これが、自家消費型太陽光発電が持つ大きなポイントなのです。

自社で使う電力を自社でまかなう。このことが、収益に多大な影響をもたらします。詳しくは後述しますが、自分で使うものを自分で供給する自給自足ほど強いものはありません。なぜなら、供給が絶たれるというリスクから解放されるからです。このことが二次的、三次的なメリットを生むので、これについても後述していきたいと思います。

そのため、収益構造という言葉だけを見ると全量売電のほうが投資リターンが可視化されているので魅力的に映るのですが、それは事業開始時の買取価格が維持されることや、買取そのものが維持されることが前提になっていることを忘れてはいけません。

こうした前提条件が崩れてしまうと全量売電型の太陽光発電投資は収益構造も崩れてしまうため、考え方によっては脆弱なものとも言えるわけです。しかも買取価格は20年間にわたって保証されているものの、それが終了した21年目からは買取価格の保証という前提が一つ崩れることが確定しています。

もう一つ、太陽光発電には出力抑制というリスクがあることをご存じでしょうか。これについても詳しくは後述しますが、太陽光発電システムを設置して売電の態勢を整えても、電力会社に電力を売れない状況が起きることがあります。これを出力抑制と言います。売ることができないのであれば、当然ながら売電収入もストップします。

災害などで太陽光発電設備にダメージが生じると売電ができなくなりますが、そうではなくても売電できなくなる可能性があることを、投資としての太陽光発電をお考えの方は知っておくべきでしょう。

収益構造として自家消費型と全量売電型をそのまま比較することはできませんが、リスクへの強さや収益の安定性を考えると、やはりこれからは自家消費型が盤石だと思うのが、太陽光発電と長らく関わってきた私の結論です。

全量自家消費型と余剰売電型、その使い分け

これから事業として太陽光発電への参入をお考えの方にとって、選択肢はいくつかあります。大きな選択肢としては、全量自家消費型と全量売電型に分かれます。このどちらを選択するべきなのかについては、本業の事業規模も考慮するべきです。

まず、全量自家消費型を選択するべき事業者はこちらの通りです。

- 太陽光発電によって生み出された電力を全部使いきるだけの電力需要がある
- すでに電気料金が売電価格を上回っている

発電した量よりも多く使うだけの電力需要があることが望ましく、これだと全量自家消費が可能になります。もちろん

理想的なのは発電量と消費量がぴったりと一致することですが、さすがにそんなことは不可能なので、発電量を需要が上回っていることが一つの目安になります。

もう一つ注目したいのが、電気料金です。買取価格は最初に決まっているので、この価格を電気料金（買電価格）が上回っているようであれば、買うよりも作るほうがオトクです。電気料金については一律ではなく契約内容にもよるので、交渉によって引き下げることも可能です。

よって、エリアごとの料金、契約内容、そして交渉による価格決定など、さまざまなプロセスを経た上での電気料金と比較することが重要です。

次に、余剰売電型が適している事業者は下記の通りです。

・自家発電した量を使いきれないことが明白な事業者
・電気料金の単価が売電価格よりも安い

これは、先ほどの逆です。太陽光発電システムを導入して自家発電をしているものの、その量を全部使いきることができないのであれば、余剰分は売電に回したほうが損がなくなります。

蓄電するための設備がなければ余った電力は捨てることになってしまうので、これがもったいないと感じることでしょう。その場合は一部売電に回すという、家庭向けと同じようなシステム構成が良いでしょう。

電気料金についても、先ほどの逆です。作るよりも買ったほうが安いのであれば、あまり自家消費分を高めることにこだわるよりも、柔軟に運用するべきです。ただしこのような条件が整っていることはあまりなく、しかも今後はどんどん少なくなっていくので、やがて幻の条件になってしまうと思われます。

余剰分を売電ではなく、蓄電する方法もあります。蓄電池を設置しておいて、余剰分を蓄電してそれを自家消費する形です。これだと発電分を日中時間に全量消費できない事業者であっても、夜間や天候不順の日などにその電力を使い切ることができるので完全自家消費型が完成します。

経済性だけでなくリスクヘッジや環境への取り組みといった観点から、当社ではこの完全自家消費型のご提案にも力を入れています。

自家消費型太陽光発電のメリットは12もある

自家消費型太陽光発電を導入することによって得られるメリットは、全部で12もあります。一つずつ順に解説していきますが、この順序は「早く紹介しているメリットほど優先順位が高い」というわけではなく、カテゴリーを分けるための順序です。どのメリットも非常に重要なものばかりなので、それを意識してお読みいただけますと幸いです。

①電気料金の削減効果がある

自家消費型太陽光発電を導入することにより、電力を自家消費した分は電力会社から買う必要がないため、その分が電気料金の削減になります。これは誰でも分かることですし、すでに本書でも何度か述べてきました。これだけなら私もここまで自家消費型をおすすめはしないのですが、重要なのはここからです。

すでにご存じの方も多いと思いますが、企業などが使用する産業用の電気料金は、最大使用量（ピーク）となる時をもとに算出されます。

例えば、夏場や冬場は空調を多く使用するため、電力使用量が増大します。この時の使用量を基準に年間の電気料金プランが決まってしまうため、空調を多く使用する事業所は電気料金が高くなります。

特に近年では人命に関わるような猛暑、酷暑が当たり前のようにやってきます。そんなご時世を考えると、電気料金のピークが増大すると電気料金の単価が上がってしまうため、電気料金増大を加速させてしまいます。

しかし、だからと言ってピークを抑えるために夏場のエアコン使用を削減するというのは、絶対におすすめしません。昔と違って今の暑さは我慢や工夫で乗り切れるものではなく、エアコンが生命線だからです。

こうした事情に対して、全量自家消費にすることで夏場や冬場の電力使用量をピークシフトすることができます。ピークを抑えることで電気料金の単価が下がるため、太陽光発電でまかなう節電分以上の削減メリットがあるわけです。

②ストレスのないデマンド制御による年間コスト削減

デマンド制御、デマンドコントロールをご存じでしょうか。先ほど産業用の電気料金の決まり方について解説しましたが、このような契約のことをデマンド契約と言います。

デマンドとは需要という意味で、需要に応じて電気料金が決まる仕組みのことです。少々細かい説明をすると、電力会社はデマンド契約をしている使用者に対して30分ごとにデマンド値と呼ばれる数値を計測しています。このデマンド値が大きくなると、それをもとに電気料金が算出されるということです。

さらに厳密に言うと、電気料金は基本料金に電気料金を従量課金する仕組みになっています。このピーク時の電力使用量が大きくなると単価が高くなるため、これが一度確定してしまうと、その年の電気料金は単価そのものが高くなってしまい、どれだけ節電を頑張っても電気料金を節約することにつなげにくくなります。

これを知らずに電気を使っていると損をしてしまうので、その対策として生まれたのがデマンド制御です。ピーク時の電力使用量が大きくなり過ぎないように使用者側でも監視をして、ピーク時の「山」が高くなりそうになったら使用量を抑える仕組みです。

これはデマンドコントロールシステムと言って、自動的に使用量を監視し、危なくなったら使用量を絞ることができる賢いシステムです。ただしこのデマンドコントロールを適用すると夏の暑い時期にエアコンの出力を抑えたりすることもあるので、必ずしも快適とは言えません。

そこで太陽光発電の自家消費をすることにより、電力使用量を抑えることなくデマンド制御が可能になります。使いたい電力、使うべき電力を抑えるのは業務上支障が出てしまうかもしれませんし、近年の夏場にエアコンの出力を落とすことは人命に関わることもあるので、太陽光発電によるデマンド制御が注目を集めているわけです。太陽光発電でこのメリットを最大化するには、自家消費型である必要があります。

③買取価格が下落しても影響を受けない

すでに述べているように、電力の買取価格はFIT期間中であっても下落を続けています。しかも20年が経過すると産業用太陽光発電のFITも順次終了となります。20年間にわたってFITの経済的メリットを享受していた事業者にとって、FITの終了は死活問題です。

もちろん、FITが終了すると言っても電力の買い取りをしなくなるわけではありません。買い取り自体は継続しますが、問題はその価格です。実際に、FIT後の買取価格はいくらになってしまうのでしょうか。こちらが、各電力会社のFIT終了後の買取価格です。すべて1kWあたりの価格です。

北海道電力：8円
東北電力：9円
東京電力：8.5円
中部電力：7円〜12円
北陸電力：8円
関西電力：8円
四国電力：8円
中国電力：7.15円
九州電力：7円
沖縄電力：7.5円

いかがでしょうか。各地域の電力会社によって若干のばらつきはあるものの、10円を超えることはほぼありません。この他にも新電力と呼ばれる電力会社も買取を行っており、一部には既存の電力会社よりも高い価格を提示しているところもあります。

JXTGエネルギー：11円
スミリンでんき：11円
積水ハウス：11円
NTTスマイルエナジー：9.3円
ダイワハウスでんき：10円

これらの他にも電力会社はたくさんありますが、買取価格の上限はおおむね11円、12円付近というのが相場になっています。

これはつまり、国の特別な政策がなければこの価格でないと電力の買い取りで採算を取ることは不可能ということでもあります。その構造が今後も変わらないことを前提にすれば、電力の買取価格が下落することはあっても急激に上昇することはないでしょう。

自家消費型の太陽光発電は電気料金の値上げに強いだけで

なく、このように買取価格下落の影響を受けることがないのもメリットとなります。

④出力抑制の影響を受けない

太陽光発電による売電ビジネスでは、電力会社による出力抑制を考慮する必要があります。出力抑制は概念こそ広く知られてきたのですが、ここに来てそれが現実に起きていることからリスク要因としての存在感が増しています。

2018年10月13日と14日に、九州電力管内の離島を除く地域で出力抑制が行われた事例があります。これが日本初の出力抑制の事例となり、それまで概念でしかなかったものが現実に起きることが広く知らしめられ、太陽光発電ビジネスのイメージにも大きな影響を与えました。

あくまでもこれはレアケースではありますが、今後も太陽光発電ビジネスに参入する企業が増えることを考えると、供給過剰になって出力抑制が他の地域でも多発する可能性は否めません。

せっかく発電設備を設置して、しかも順調に稼働しているのにその電力を買い取ってもらえない事態は「話が違う」となってしまうものであり、事業者にとってはリスク要因です。このリスクを管理するための手法として出力抑制補償と言って保険でカバーするスキームも登場していますが、これには保険料という新たなコストが発生します。

自家消費型であれば、自家消費量が大幅に減ってしまうなどの激変がない限り、発電した電力を無駄にすることはありません。世の中が出力抑制で大騒ぎをしている状況であっても、その影響を受けることはありません。

⑤電気料金の値上げリスクを回避できる

売電の観点から、今後 FIT や FIT 後であっても買い取ってもらうことを前提にすると不利になっていく可能性が高いという解説をしました。

次は、電力を購入する観点でも考えてみましょう。電力自由化によって新電力などが他の商品と併用などによって意欲的な電気料金を提示していますが、電気料金にも相場があるので、価格はおおむね横並びです。

一つの例として、関西電力の法人向け電気料金を見てみましょう。
「高圧電力 AS」として一般的な事業所向けの電気料金プランでは、1 kWh あたりの電気料金が13.94円（夏季）です。14円を超える単価で電力の買い取りが保証されているうちは売電ビジネスに優位性がありますが、先ほどご紹介した

FIT後の買取単価と比べると電気料金単価のほうが高いため、自家消費したほうがコスト優位性があることが分かります。

しかしこれは常識的に考えると、当然のことです。電力会社は営利企業なので、販売価格よりも仕入れ価格が高いようだと利益を出せず、赤字になってしまいます。FITではサーチャージという形で別途補填できる方法があるので採算が取れますが、FITが終了すると電力会社としても採算が取れる価格でしか買取ができなくなります。

しかも今後、電気料金は高くなっていく見通しです。理由は資源価格の上昇で、石炭や液化天然ガスといった日本の発電エネルギー源の大部分を占める火力発電所向けの資源が高くなることにより、それが電気料金に転嫁されていくのは必至です。

なぜ資源価格が高くなるのかというと、そこには構造的な理由があります。最も直接的な理由は世界人口の増加と世界的な経済成長によるエネルギー消費量の増大です。さらに米中貿易摩擦やイラン情勢など、政治的な理由による価格高騰も大いに関係があります。

さらに追い打ちをかけるように、2020年に端を発した新型コロナウイルスの問題があります。このウイルス禍が収束したとしても経済へのダメージはとても大きく、アメリカでシェール企業の破綻が起きたように、今後もエネルギー産業へのダメージは多分にあると思われます。

今後経済の回復によって需要が増大していくにもかかわらず、コロナショックで傷ついてしまったエネルギー産業がすぐに供給力を回復できなければ、予想を上回るようなエネルギー価格の高騰が起きることも考えられるのです。

これらはすべて、日本が資源の大半を輸入に頼っているという脆弱性によって起きるものです。日本はこれだけの経済力を持ちながら資源をほとんど持たない国なので、海外の情勢が資源価格に跳ね返ってしまい、輸入コストが増大すると電気代が高くなるというわけです。

今後この状況が劇的に改善されるとは考えにくく、政情不安が解消したとしても世界的なエネルギー消費の増大やコロナショックによる影響などによって資源価格は高止まりすることが考えられます。そうなると電気料金は上がることはあっても下がる可能性は低いと見るべきでしょう。

FIT終了後は10円前後の売電価格しか期待できない中で、電気料金だけがさらに上がっていくとなると、電力は買うものではなく作るものであるという認識が今後さらに広がっていくことでしょう。自家消費型太陽光発電は単に個別の企業にとってのコスト削減策ではなく、全地球的な課題を解決する決定打でもあるのです。

⑥節税効果がある

企業など事業者が自家消費型太陽光発電を導入すると、節税効果があります。その根拠となるのが、中小企業庁が行っている「中小企業経営強化税制」です。中小企業庁の存在目的は日本国内の中小企業を支援し、発展に寄与することなので、この制度もその目的で設けられています。

この制度では中小企業等経営強化法という法律が制定されており、要件を満たしている事業者は太陽光発電設備の導入費用の全額を即時償却することができます。

即時というのは単年ベース全額の償却が可能ということなので、仮に不動産や有価証券の売却などで単年だけ利益が突出して出てしまった場合などに、税額の増大を防ぐ効果が期待できます。

なお、通常は太陽光発電設備の償却年数は17年なので、それを単年で償却できるということで節税効果は17倍にもなります。

実はこの制度は2018年度末をもって終了する予定だったのですが、翌年の改正時に２年間延長され、さらに現在も継続中で2023年3月31日までの延長が決まりました。

⑦災害時にも自社独自の電力を確保できる

地震や台風、豪雨などの自然災害が急増しています。自然災害は人類の力で防いだり被害が発生する場所を移動させることはできないので、災害が起きてもいかにして生き残るかが企業にとっても至上命題となります。

特に企業など事業者にとってリスク要因なのは、災害時に電力や水道などのインフラが止まってしまうことでしょう。

IT 系の事業者であればパソコンやサーバーへの電力が止まってしまい、仕事にならないばかりかサービスの提供がストップしてしまう恐れすらあります。以前にも増して電気への依存度が高くなっているのは間違いないので、災害時の電源確保は生き残りの戦略そのものです。

自家消費型太陽光発電が持つ「リスクに強い」というメリットは、実はこれまであまり注目されてきませんでした。

理由は言うまでもなく、自然災害がそこまで頻発することがなく、脅威として見なされていなかった部分があるからです。東日本大震災が起きる前の日本を想像していただくとイメージしやすいと思いますが、これだけ「災害」というキーワードがあらゆる商品や情報などで意識されることはなかったと思います。

そんな時代背景にあって、自家消費型の太陽光発電が災害に強い特性を持っており、そこに注目する人が多くなっていることは、時流に乗っているという部分も多分にあるでしょう。

自家消費型の太陽光発電を平時から稼働させている事業所では、停電が発生しても影響を最小限に食い止めることができます。蓄電池を設置して夜間や悪天候時に備えるシステム構成であれば、その能力はより高くなります。

平時にも電気料金の削減や値上げリスクに強いなど経済的なメリットが多くある自家消費型太陽光発電ですが、非常時のメリットは「あると有利」のレベルではありません。

⑧感染症のパンデミックが発生しても事業を継続できる

2020年に発生した新型コロナウイルスの世界的なパンデミックは、私たちに多くのことを気づかせてくれました。

先ほど東日本大震災を契機に防災への意識が高まったというお話をしましたが、ウイルスのパンデミックでは社会全体がロックダウンしてしまうことが現実に起きることを知らしめました。さすがに2020年の新型コロナウイルスによるロックダウンで電力供給などのインフラが止まってしまったということはありませんでしたが、今後は分かりません。

ウイルスという見えない敵もリスク要因として考慮しておく必要があるのがこれからの企業経営です。

大規模災害やパンデミックの発生時にあっても企業活動を継続するための戦略をBCPと言います。これについては次項で解説しますが、自家消費型太陽光発電もBCPの一環と見なす企業が増えており、その傾向は今後も強まると見られています。

⑨BCP対策が企業価値を向上させる

太陽光発電の自家消費によるメリットを、企業のリスク管理という視点からも解説したいと思います。BCPというのは「Business Continuity Planning」という言葉の頭文字を並べたもので、読み方はそのまま「ビーシーピー」です。

これを日本語に訳すと「事業継続計画」となりますが、これだけだとBCPが持つ意味のすべてを表現していないと思います。

BCPが目的としているのは、大規模災害時やパンデミックなどで企業や自治体、医療機関などが事業の継続が難しくなってしまう局面に備えて、どのように事業を継続してサービスの提供や品質を維持するかを定めておく計画のことです。

もちろん2020年初頭から猛威を振るっている新型コロナウイルスの蔓延が起きた場合も、BCPが適用されます。

BCPでは企業活動の継続や可能な限りのサービス品質維

持などが主なテーマとなりますが、その大前提になるのが電力供給です。

どんな企業であってもコンピュータを導入しているのはもちろんのこと、オフィスや工場の稼働などにも電力が必要なのは言うまでもありませんが、発電や送電の設備がダメージを受けてしまった場合はそれを維持するのが困難になります。空調が止まるのはもちろんのこと、おそらく水すら出なくなるでしょう。

そこで期待されるのが、BCPの一環として導入する自家消費型の太陽光発電です。

BCPにおける太陽光発電の位置づけは、環境保護への貢献や経済性とは別次元です。BCPが想定しているような緊急事態が現実に起きると、私たちが普段想像しているような「不便な状況」とは桁違いの問題が発生します。

例えば、停電になると水道も使えなくなります。電力供給と水道は別物だと思いたくなるところですが、ビルの中の水道で水をくみ上げるにはポンプが必要で、それを動かしているのは電力です。

次に、緊急事態が起きると絶対に必要なのが連絡態勢です。大規模災害が起きた際には携帯電話キャリア各社などが非常用の連絡伝言板などをサービスの一環で設置しますが、これは電話やメールなどが使えなくなった人たちの連絡態勢を支援するためです。

普段は当たり前だと思っていたことが、こういったところでも当たり前ではないことを思い知らされます。

企業の社会的責任という観点からもBCPの策定は必須課題であると認識されていますが、BCPの導入には企業にとっても多大なメリットがあります。

◘BCPのメリット①　事業縮小、廃業リスクの削減

BCPが目指しているのは、本格的な復旧までの事業継続です。つまり、緊急事態による影響を可能な限り最小限に食い止めることが大きなテーマです。それが復旧を早めることにつながり、ひいては事業縮小や廃業といった経営リスクの削減につながります。

企業が利益を追求するのは、事業の継続という最終的な目的があるからです。その最終目的を損ねないためにも、BCPの策定は重要な課題です。

◘BCPのメリット②　得意先からの信頼獲得

BCP策定の有無や内容は、IR情報などで公開されます。これはつまり、「いざとなった時でも当社はこのような計画で動き、生産やサービスの提供への影響を最小限に食い止めます」というメッセージを発していることになるため、得意

先や今後新規取引を検討している相手からの信頼獲得に役立ちます。

近年ではBCPの重要性が広く認識されており、新規取引の際にBCPの有無、計画の中身などを求める動きが大手企業を中心に見られるため、企業にとってBCPは自社だけの問題ではなく、得意先などサプライチェーンへの影響も最小限に抑えるためのものであるという認識になっています。

◘BCPのメリット③　投資家からの信頼獲得

得意先だけでなく、BCPの策定は投資家にとっても安心材料です。投資家にとって最大の懸念は緊急事態の発生によって出資している（つまり株を保有している）企業が重大なダメージを受けてしまうことです。

株価の暴落や経営破綻といったリスクに直結するため、「何が起きても経営基盤が揺るがないようにしておいてほしい」というのが投資家の本音です。

BCPはこうした本音に応えるものであり、そのリスクが現実になっていない平時であっても、BCPの有無や中身は投資家にとって出資の判断材料となります。

◘BCPのメリット④　地域からの信頼獲得

企業の社会貢献という観点から、BCPに地域への支援を含めている企業が増えています。企業として大規模な太陽光発電設備や蓄電設備を備え、いざ災害など緊急事態が起きた際には、電力供給という形で地域を支援するというモデルです。

企業は地域の一員であるという考え方はもちろんですが、営利企業として地域から親しまれ、信頼されることは経済的にも大きなメリットがあります。

⑩ESG投資、SDGsなどへの対応

電気料金の値上げリスクに対抗するための自家消費、災害に強い自家消費というだけですと、リスクヘッジのための概念であることばかりが強調されてしまいますが、ここでお話をするのはそれとはまったく異なる概念です。

それは、ESG投資やSDGsなど、最近見聞きすることが多くなった環境や社会に関する新しい価値観です。

近年の企業経営で重視され始めているESGやSDGsは、社会、環境への貢献を企業経営に当然のこととして取り入れる概念です。CSRなど企業の社会的責任を果たすことによるイメージアップ戦略だけでなく、企業の経営リスクや持続的成長に欠かせない概念として投資家の間でも重視する動きが広がっています。

こうした概念への対応は企業にとって非常に重要なので、

詳しくは後述します。ここでは自家消費型太陽光発電でこうした概念に対応できるメリットがあることを押さえておいてください。

⑪補助金を利用できる場合がある

環境省が実施している補助金制度で、正式名称を「二酸化炭素排出抑制対策事業費等補助金」という制度があります。太陽光発電の名称は出てきませんが、もちろんこの制度には太陽光発電も含まれています。

この制度を利用すると再生エネルギー発電設備（つまり太陽光発電設備も含む）の導入に要した費用のうち３分の１、もしくは太陽光発電設備の場合、１kWあたり７万円の補助金を得ることができます。

費用をかけずに太陽光発電設備の導入が可能になるPPAモデルが注目を集めていますが、この補助金制度はPPAモデルの一種である「オンサイトPPA」による太陽光発電導入も対象となっています。

この補助金には、大規模災害や新型コロナウイルスのパンデミックによって、国内のサプライチェーンなどに脆弱性があることが顕在化し、それを克服する意図が込められています。自家消費型太陽光発電はこうしたニーズに合致するビジネスモデルなので、国としても環境保護だけでなくリスク管理の一環として自家消費型太陽光発電を推進する流れになっています。

⑫PPA方式、自己託送など導入ハードルが下がっている

先ほど少し触れたPPAモデルは、本書で新しく登場した語句です。今後の太陽光発電や環境ビジネスの普及、発展に大きく関わりがあるキーワードなので、詳しく解説しましょう。

PPAモデル（またはPPA方式）とは、平たく言えば費用を掛けずに太陽光発電設備を導入できるスキームのことです。PPAは「Power Purchase Agreement」の略です。

この英語表記からは電力会社との電力購入契約という意味しか読み取れませんが、実際には「太陽光発電事業者が自身の負担で契約者の敷地などに太陽光発電設備を設置し、契約者はこの設備で発電された電力を含めて事業者からの電力を購入する契約」という意味です。

通常、太陽光発電事業を行う企業は自らの土地や建物に太陽光パネルなどの設備を設置します。そこから得られた電力を売電に回す、もしくは自家消費することになります。このスキームだと太陽光発電設備を設置するための初期費用が必要になるため、その資金を調達できないといつまで経っても

太陽光発電事業を始めることができません。

そこで登場したのが、PPAモデルです。

設備の設置費用はすべて太陽光発電事業者が負担し、企業は場所のみを提供します。自社の敷地内に設置されているものの設備の所有権は太陽光発電事業者にあり、そこで生み出された電力も含めて契約相手である事業者から電力を購入するため、実質的に自社内で発電された電力を自家消費していることになります。

このスキームを活用すると自社の負担ゼロで自家消費型太陽光発電の導入が可能になるため、急速に普及が拡大しています。

しかし、ここでもう一つの問題が生じます。それは、いくらPPAモデルがあったとしても自社内に太陽光パネルを設置する適切な場所がないとPPAモデルをもってしても導入ができないことです。そこで考案され、普及が進んでいるのが自己託送モデルです。

ここでも新しい言葉が登場したので、通常のPPAモデルとの対比を交えながら解説しましょう。

PPAモデルで企業が提供するのは、自社の屋根や敷地などです。しかしそれがない場合はPPAモデルによる太陽光発電の導入は不可能でした。

しかし、その企業に工場や郊外の遊休地、資材置き場などがあれば話は別です。電力の主な需要が発生する場所とは離れているものの、同じ企業の管理下にあるスペースであればそこに設備を設置することができます。既存の土地や場所がなくても、遠隔地の安い土地を購入すれば条件を満たすことができます。

このように需要地と発電地が異なる場合であっても、同じ企業など管理者が同一である場合はPPAモデルが適用され、実質的に同様のものであると見なされます。

これが、自己託送（方式）です。電力需要地に十分なスペースがなくても、自己託送ならPPAモデルを適用できるという企業にとっては、新たな門戸が開かれたことになります。

このようにPPAモデルとさらに一歩進んだ自己託送により、企業などの事業者が自家消費型太陽光発電を導入するハードルはぐっと低くなりました。メリットがとても多いものの、費用やスペースの問題で導入に踏み切れなかった企業に、今後広く普及が進むものと期待されています。

当社としてもこれらの仕組みを大いに活用するべきであるというスタンスで、こうしたスキームの積極的な提唱、提案を行っています。

自家消費型太陽光発電のデメリット、注意点

メリットがとても多い自家消費ですが、その反対にデメリットはないのでしょうか。12もあるメリットに対して、次は自家消費型太陽光発電のデメリットについても挙げてみたいと思います。

①導入コストが高くなる

考えられる直接的かつ最大のデメリットは、初期の導入コストです。産業用太陽光発電の発電施設を導入するとなると１千万円クラスの初期費用が必要になるため、これがハードルとして立ちはだかります。

もちろん使えば使うほど元を取ることはできますし、元を取ればその後はメリットしか残らないのですが、それでも最初にまとまった金額を投資することは企業にとっても大きな決断を要します。

もちろんこれについては解決策や明るい見通しもあります。まず、明るい見通しとして考えられるのは、導入コストの低価格化です。産業用太陽光発電の出力である10kW の導入コストが年々低下していることは、次ページ図の推移を見ても明らかです。

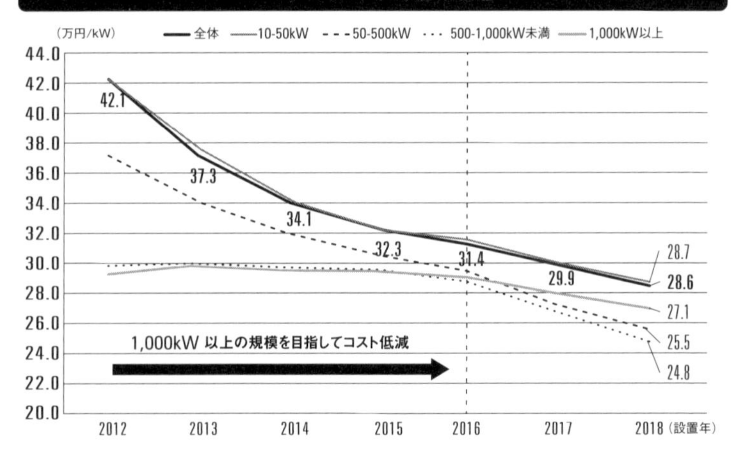

出典：経済産業省「平成31年度以降の調達価格等に関する意見（案）」の「日本の事業用太陽光発電のコスト動向（システム費用の平均値の推移）」

2012年には42万1000円だった1kWあたりの導入コストが、翌年には早くも40万円を割り込み、2017年には30万円を割り込んでいます。

このことはFITによる買取価格が下落していることの根拠にもなっているのですが、自家消費型太陽光発電を導入する場合は、FITの買取価格がいくらであろうと、あまり関係はありません。FITが前提だと導入コストの下落と買取価格の下落が同時に進んでいるためにメリットとデメリットの同時進行になりますが、自家消費型の場合は買い取りを前提にしていないため、導入コストの下落というメリットだけを享受することができます。

この傾向は今後も続くと見られているため、導入コストが高くなるというデメリットはいずれ解消していくのではないかと思います。

◎導入コストの問題を融資で解決することも可能

導入コストの下落を待つというのは受動的なので、いつそれが納得できる価格水準になるかは分かりません。そうではなく今すぐ導入コストの問題を解消して太陽光発電を導入したい事業者には、ソーラーローンなどの融資を活用することをおすすめします。

金融機関からの融資ももちろんですが、特に自家消費型の太陽光発電は環境保護への貢献度が高く、また同時にリスク管理にもつながるため自治体などでも導入を推進しています。そのため全国の各自治体が独自に融資などを行っている場合があるので、これを活用するのも一つの手です。

例えば大阪府が設けている「創エネ設備及び省エネ・省CO2機器設置特別融資事業」という融資制度は、上限が1000万円で年利１％というとても有利な条件で融資を受けることができます。この制度の名称からも、太陽光発電を対象としていることがお分かりいただけると思います。

これと似た制度、同様の制度が全国各地で設けられているので、導入コストの面でハードルをお感じの場合はぜひ自治体にお問い合わせいただくか、当社にお気軽にご相談ください。

◎導入コスト問題を解決する決定打「PPAモデル」

導入コストの問題を挙げましたが、すでに本書をここまでお読みの方であれば、「それならPPAモデルを活用すれば良いのでは？」とお感じになったことでしょう。それは、正解です。

PPAモデルはこうした問題を解決するために考案された、画期的なスキームです。資金調達をしやすい大企業であればこのような問題は起きにくいと考えるのが普通かもしれませんが、実際には大企業の中にもPPAモデルを活用した導入事例が多数あります。

大企業でもコストを削減しつつ自家消費型太陽光発電を導入することでメリットを最大化しようとしているのですから、中小企業であればその効果はより大きくなります。

②太陽光パネルの設置スペースが必要

二つ目に挙げたいのは、デメリットというより厳密には導入へのハードルです。

先ほども導入コストの問題を解決するための決定打として

PPAモデルについて言及しました。自己託送も含めてここまで解説をしてきましたが、PPAモデルが成立するには自社の敷地内に太陽光発電設備を設置できる十分かつ適切なスペースが必要です。ただ広いスペースがあるだけではダメで、十分な日照量があることや太陽光パネルを安全に設置できることなども条件になります。

これが電力需要地になくても、同一の企業やグループが所有するスペースが遠隔地にあるのであれば、自己託送を活用してPPAモデルを適用することができますが、これも「遠隔地に十分かつ適切なスペースがあれば」の話です。これすらない場合、さらに新たな用地取得の予定がない場合は自己託送の条件を満たすことができないので、PPAモデルも適用できません。

こうした問題を解決するには、二つの考え方があります。一つは、自己託送を実現するための土地を購入する方法です。遠隔地でも構わないことを考えると、郊外や農村地帯の安価な土地を購入してそこに発電設備を設置することは現実味があります。これならPPAモデルを適用することもできるので、極めて低コストで自家消費型のモデルが完成します。

二つ目に考えられる方法は、既存の中古発電所を購入する方法です。セカンダリー市場と言って、すでに稼働している太陽光発電所が取引されているため、こうした仕組みを利用して発電所を購入し、それを自己託送によって自家消費型として成立させることができます。

③投資効果が天候に左右される

太陽光発電事業は、発電量が投資効果に直結します。これは売電を前提としたスキームだと、売電量に直接関わるためイメージしやすいと思います。しかしこれは自家消費型でも同様で、発電量が少なくなってしまうと自家消費する電力のうち自社でまかなえる分が減るため買電量が増え、光熱費の増大を招きます。

これについては、自然が相手だけに人間の思い通りにならないことが多分にあります。しかし、すでに当社など太陽光発電の施工事業者には日照量シミュレーションというノウハウがあります。

地域別や設置する太陽光パネルのメーカーや機種、設置条件などによって発電量がどの程度になるのかを高精度でシミュレーションすることができるため、設置してから思惑通りにならなかったということは極めて少なくなっています。

例えば、豪雪地帯など冬場の日照量が十分に確保できないような地域もあります。これだとそうでない地域より不利になるのではないかと思いませんか。しかし、実際には豪雪地帯であっても遜色のない太陽光発電が可能です。

そこには雪国ならではのメリットがあるため、そういったメリットと相殺できることや、雪国には雪国に適した設備の選び方や設置方法があるからです。

雪国は冬場の積雪がデメリットになる一方で、高温になりにくい地域が多いため、夏場の発電量はむしろ多くなりやすくなります。さらに台風が来襲しにくい地域でもあるため、台風によるリスクもあまり考慮しなくて良いメリットもあります。

そして問題の冬についても、積雪に耐えられる強度の太陽光パネルを設置して、雪が滑り落ちやすくする設置方法を採用するなどの工夫をすることで、発電量の低下を最低限に抑えることができるのです。

太陽光発電は太陽光がなければ成立しないため、この一例以外にも天候や環境による影響は避けられません。しかし、それぞれの条件に見合ったノウハウがすでに確立しているため、こうしたデメリットを技術力によって抑えることは十分可能です。

④災害による発電施設へのダメージリスクがある

昨今は自然災害が急増しており、そのたびに太陽光発電施設がダメージを受けたとする報道が流されることも多くなりました。ニュース映像でめちゃくちゃになってしまった太陽光発電所の光景を見たことがある方もおられるのではないでしょうか。

それだけ日本全国に太陽光発電所が多く設置されていることの表れでもありますが、こうした映像を目にすると「もし自分が太陽光発電事業をしていたら、こういう時にどうなるのだろう？」という懸念を持たれることでしょう。

太陽光発電所は収益を生み出す資産なのですから、こうした懸念を持たれるのは当然のことです。

昨今多発している自然災害が太陽光発電所に及ぼす影響としては、以下のようなものが考えられます。

台　風　台風による強風で風に弱い太陽光パネルが破損したり、最悪の場合は飛散してしまう可能性があります。太陽光パネルは重量があり、サイズも大きいため、これが飛散して人に当たると重大な事態に発展しやすいですし、そうでなくても建物などに当たってしまうと建物を壊してしまう可能性が

あります。
台風が強力化しているのは地球温暖化が原因の一つと言われていますが、環境保護にも貢献する太陽光発電設備が温暖化の影響による台風の強力化でダメージを受けるのは皮肉な話です。

ゲリラ豪雨 台風による豪雨やゲリラ豪雨など、近年では観測史上初とも言われる記録的な豪雨が各地で発生しています。豪雨が発生すると発電設備が冠水する恐れがあり、冠水が起きると太陽光パネルが流されてしまったり、ショートによる電気設備へのダメージが発生します。
そもそも発電所が設置されている地盤が崩れてしまうことで発電所ごと流されてしまうといった被害も考えられます。

土砂災害 山間部にある太陽光発電所の多くは山の斜面に設置されています。ここに豪雨や地震などによる山そのものへのダメージが加えられると土砂崩れが起き、発電所ごと崩れてしまう恐れがあります。
また、発電所よりも上で土砂崩れが発生し、発電所に土砂が降りかかってダメージを受ける可能性もあります。

豪　雪　あまり知られていないことですが、日本は世界一の豪雪国です。世界で降雪量の多い都市のランキングで5位まで日本の都市であることを見ても、それは明らかです。
豪雪では雪の重さで太陽光パネルが損傷したり、また積雪のせいで太陽光がパネルに当たらないといった被害が発生しています。

地　震　日本が地震大国であることは自明の理ですが、大地震が太陽光発電所に及ぼす影響は計り知れません。少々の地震で太陽光パネルが倒れたりといった被害が生じることはありませんが、地震の規模が大きくなることで地割れが起きたり、土砂崩れなどが起きると影響は免れません。
しかしその一方で、大地震発生時に太陽光発電設備が必要最小限の電力を供給した実績もあり、そのリスク管理能力は今後も期待されています。

津　波　地震の規模や発生のしかたによっては、津波が襲ってくる可能性があります。津波被害は甚大で、集中豪雨と洪水が同時に発生したような被害をもたらします。

具体的には太陽光パネルが流されたり、地盤そのものが流されてしまったりといったように、場合によっては致命的な被害に発展します。

火山活動 極めて稀なケースではありますが、活火山が爆発するなどの災害が発生した場合、その影響を受けるエリアに太陽光発電設備がある場合は、被害を受ける可能性大です。活火山の近くに太陽光発電所を設置するケースはあまりありませんが、溶岩流が発生するような大きな噴火があると、これまで想定外だったエリアにある発電所にも被害が生じるかもしれません。

これらの災害リスクを挙げていくと、いかに日本が災害大国であるかがよく分かります。そしてその日本で太陽光発電事業をする以上、災害との関わりをゼロにするのは極めて難しいでしょう。

こうした災害をなくすことは、人類の力では不可能です。しかし、保険などファイナンスの観点からリスクを管理することは可能です。すでにこうしたリスクに備える保険商品が損害保険各社から販売されているので、今後災害リスクが高い地域で太陽光発電事業を始める場合は、保険によるリスク管理は必須と言えるでしょう。

⑤適宜メンテナンスをしなければならない

太陽光発電はメンテナンスフリーだと思われている節がありますが、実際にはそんなことはありません。自宅の屋根に太陽光パネルを取り付ける家庭用ですら一定のメンテナンスは必要なので、それが大規模な太陽光発電所となるとなおさらです。

売電型の太陽光発電所、自己託送による自家消費型のどちらであっても、発電所が遠隔地にある場合、そのメンテナンスはそれほど簡単ではありません。

特に問題になるのが、太陽光発電事業に乗り出した多くの企業が太陽光発電の専門業者ではないことです。専門業者であれば自社で管理することも可能ですし、そのための人的リソース、ノウハウもあるでしょう。しかし、自家消費型のメリットを実現するために太陽光発電に参入した企業の多くは、全く異なる業種を本業としていても不思議ではありません。

このように太陽光発電を本業としているわけではない企業にとって、メンテナンスが重荷になることもデメリットとして考えられます。それでは太陽光発電のメンテナンスとしては、どのような作業が必要になるのでしょうか。

・除草、植物による遮蔽の防止
・太陽光パネルに付着する汚れの除去
・機器の安定稼働を監視
・盗難対策
・子供や動物などが入ってしまうことによる事故

太陽光発電所のメンテナンスで意外に負担が大きくなるのが、植物による影響への対応です。

太陽光発電所の地面に土が露出している場合、その土に雑草が生えると、知らない間にどんどん成長して太陽光パネルに当たるはずの日光を遮ってしまうことがあります。それもそのはず、太陽光発電は十分な日照量がある場所に設置するのですから、そのように日照量が十分な場所は植物にとっても生育しやすい環境です。そのため、こまめに除草をしたり草刈りをしたりといった作業が必要になります。

太陽光パネルの汚れについて、多いのは鳥の糞など生物由来の汚れです。雨水で流れる程度のものであれば良いのですが、周囲に木が生えていてそこに多くの鳥が生息するような環境だと、大量の糞が太陽光パネルに付着する事態も考えられます。

こうした汚れがパネルの多くの部分を遮るようになってしまうと、これも発電量の低下を招くため、定期的な清掃が必要になります。

残りの三つについては、いずれも監視を要する作業です。機器類が正常に稼働しているかどうかを遠隔監視する必要がありますが、これはモニタリングが可能なのであまり問題にはならないでしょう。

問題だと思うのは、四つ目の盗難対策と五つ目の侵入対策です。太陽光パネルや電線などの機器類は、実は泥棒にとっては「金目の商品」です。

特に発電所内にあるケーブルには銅が使われており、銅の価格が高くなると泥棒から狙われやすくなります。自社の敷地内に設置している場合は人目にも触れるので盗難被害に遭いにくいですが、問題は自己託送などで遠隔地に発電所がある場合です。

太陽光パネルも盗み出してしまえば他の発電所に転用することもできてしまうため、やはり泥棒から狙われやすくなります。このため現場の施錠や監視カメラによる録画など、遠隔地ならではのセキュリティが必要になるわけです。

このように、遠隔地にあるがゆえの問題はO&Mサービスという一括管理サービスで解決することができます。

O&Mサービスの O は Operation、M は Maintenance の略です。

「Operation」の業務では機器類の安定的な稼働を監視し、問題が生じた場合は適宜対応をするもので、「Maintenance」については保守点検です。これには雑草対策やパネルの清掃なども含まれているので、現地にて行う物理的な対応がメインです。

太陽光発電事業を本業としていない企業が発電所を運営する場合は、こうしたサービスを利用するのが最も効率的で、安全です。当社も O&M サービスをご提供しているので、詳しくは後述します。

第4章

今後、自家消費型が主流になる理由

今後の太陽光発電は自家消費型が主流になる

これまでに膨大な太陽光発電プロジェクトを手掛けてきた当社の見方としても、今後の太陽光発電は自家消費型が主流になることは間違いありません。

すでに自家消費型太陽光発電のメリットとデメリットについては解説しましたが、「企業にとってベター」であることを通り越して、今や「企業にとってマスト」となっている現実があります。それも含めて、今後なぜ自家消費型が主流になるのか、なぜ企業は自家消費型を選択するべきなのかについて理由を解説します。

①電気料金の値上げリスクに備える

すでに電気料金が値上げされる見通しであると解説しました。産業用太陽光発電には20年間のFITがあるため、この20年間は電気料金が値上げされても売電収入で回収できる分があるため、それほど影響は受けないと思われます。

しかしこの制度は20年という期限があらかじめ決まっており、しかもFITの買取価格がどんどん値下がりしているので、太陽光発電に参入する時期によっては、あまり売電によるメリットを得られない可能性もあります。

2009年に当初は家庭向けに始まったFITは、明確な国策です。国として再生可能エネルギーの普及に取り組むことを意思表示した上で、その具体的な原動力として機能させるための制度です。

FITが導入された当時、太陽光発電システムの価格は今よりも数倍高いのが当たり前だったのは、先ほどの推移を見てもお分かりいただけると思います。導入コストが高い太陽光発電を普及させるためにその一部を実質的に補助する制度なので、お金の問題はお金で解決するという、極めてシンプルな発想です。

特にFITでは買取価格が20年間保証されるという時間軸の長さもあって、「FIT期間のうちに導入費用の元が取れる」という触れ込みで多くの企業が売電ビジネスを前提にした産業用太陽光発電に参入しました。メガソーラーと呼ばれる大規模な発電所が山間部や郊外に続々と誕生したのも、このFITがあったからです。

今後は売電価格と買電価格が同じ、もしくは逆転する現象が起きる可能性がとても高く、それなら売るよりも自分で使ったほうがトクになるというのが、自家消費へシフトするべきという、電力コスト面からの最大の理由です。

◘「再生可能エネルギー発電促進賦課金」をご存じですか?

FITで保証されている固定買取価格は、年々下がっているとはいえ本来の相場よりは高い金額です。つまり、本当の価値よりも高い価格を設定していることになります。

FITが終了した後の買取価格について本書でもご紹介していますが、各地域の電力会社で9円前後、新電力の中で高いところであっても10円ちょっとというのが精一杯です。つまり、これが本来の価格であって、FITが導入された当初の48円はその5倍近い買取価格だったということで、今にして思えば夢のような買取価格です。

それでは、この差額はいったい誰が負担しているのでしょうか。これがとても重要で、もしかしたら「国が税金から拠出しているのでは？」と思われるかもしれませんが、それは誤りです。FITを支える財源は、実は電力需要者が負担しているのです。

この賦課金は1kWhあたりの単価で算出されるため、電力使用量が多くなるほど賦課金も高くなります。2019年度の賦課金は1kWhあたり2.95円、2020年は1kWhあたり2.98円です。このように少しずつ値上がりしている点が要注目です。

太陽光発電など再生可能エネルギーの普及を促進するための財源を、電力を使用する人たちで応分に負担するという考え方自体は、真っ当なものかもしれません。しかし、この制度には構造的な不公平感もあります。

というのも、電力会社からの電力を買えばその時点で再エネ賦課金が発生しますが、これは太陽光発電を導入している事業所も、そうでない事業所も同じです。

さらに気になるのが、この再エネ賦課金がこれまでずっと上がり続けている点です。下に示すのは北海道電力が公開している、「再生可能エネルギー発電促進賦課金」の推移です。家庭向けのプレスリリースですが、参考情報としてこのグラフをご覧ください。

「再生可能エネルギー発電促進賦課金」の推移

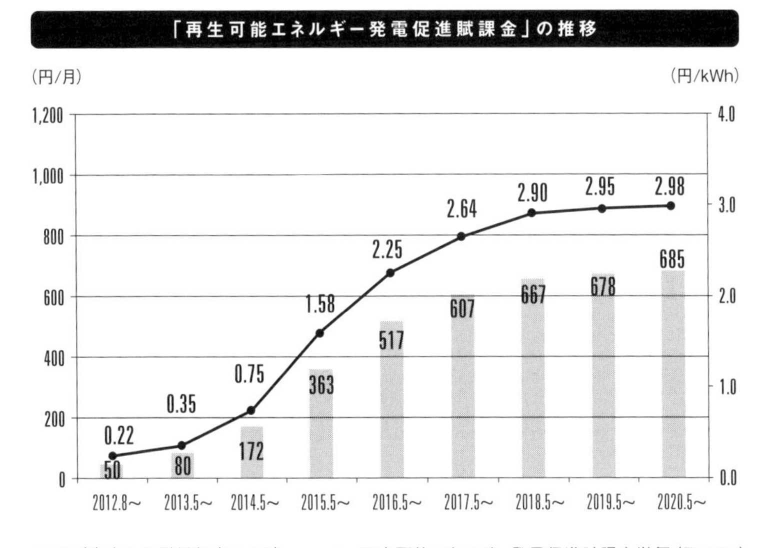

出典：北海道電力

いかがでしょうか。

FITが制度化された当初は再エネ賦課金そのものがなかったのですが、やがて財源確保のために2012年から徴収が始まります。その後は倍々ゲームのように賦課金が上がり続け、2015年に1円の大台に乗せたかと思うとすぐに翌年には2円台です。

そのまま2円台を維持するも、2020年には2.98円となり辛うじて3円の大台には乗らなかったものの、このペースで推移すると2021年度以降は3円台になることがほぼ確実と見てよいでしょう。

今後さらにこの賦課金が高くなっていくことを考えると、やはり太陽光発電による自家消費分を増やすことで電力会社の電力を極力使わないようにすることが、エネルギーコストに大きく影響を及ぼします。

ただし、再生可能エネルギー発電促進賦課金の負担増によってメーカーなど大量に電力を消費する事業所が競争力を失ったりすることを防止するため、この賦課金を減免する制度が設けられています。これについては要件が設定されているので、詳しくは資源エネルギー庁の公式発表をご参照ください。

●他にもある、電気料金上昇の要因

前項の解説は再生可能エネルギー発電促進賦課金の上昇が電気料金全体の上昇要因になるというお話でしたが、電気料金が今後どうなるのかというと、おそらくほぼすべての有識者が「値上がりし続ける」と答えるでしょう。

その理由は実にたくさんあるのですが、本書ですでに解説してきた部分を踏まえて整理してみましょう。

◎資源価格の上昇

かつてオイルショックが2回にわたって起きた時には、日本中がパニック状態になりました。「トイレットペーパーがなくなる」という、石油とは直接あまり関係のないデマが流された結果買占め騒ぎが起き、店頭からトイレットペーパーが消えました。

この騒動、どこかで見覚えがありませんか。そうです、2020年に端を発した新型コロナウイルスのパンデミックです。この時に同じようなデマが流れ、マスクや消毒液に続いてトイレットペーパーが姿を消しました。

オイルショックとコロナショックにはほとんど共通点がないのに、同じ現象が起きたわけです。つくづく世論というのは脆弱なもので、ひとたび正常な社会システムが機能しなくなると何が起きるか分からないというリスクは念頭に置いておくべきでしょう。

話を戻してオイルショックは最終的にどうなったのかとい

うと、原油価格が元に戻ることで騒動も沈静化しました。これは一時的な要因で原油価格が急騰しただけだったので「事なき」を得ましたが、昨今の資源高は根本的に理由が異なります。

ジリジリと上昇しているため分かりにくいですが、原油価格は2019年11月現在で57ドル近辺を推移しています。私たちが普段「原油価格」と呼んでいるのは、アメリカで取引されている「WTI 原油」という指数のことを指します。この価格が世界中の原油取引に適用されているためです。

次ページの図はネット証券大手の SBI 証券が公開している、WTI 原油の月足による長期チャートです。

これは10年チャートなので2011年以降しか表示されていませんが、実はこの WTI 原油は1970年まで1バレル＝3ドル近辺という水準でした。それが第1次オイルショックで10ドル台に跳ね上がり、第2次オイルショックでは40ドル付近にまで急騰しました。

それまで3ドル程度だったものが急に2桁になり、さらに第2次オイルショックでは40ドル付近という、10倍以上に跳ね上がったのですから、日本はおろか世界中がパニックになるのも無理はありません。

そこで現在の価格と比較していただきたいのですが、57ドルという価格はすでに第2次オイルショック時の価格を上

WTI原油の月足による長期チャート

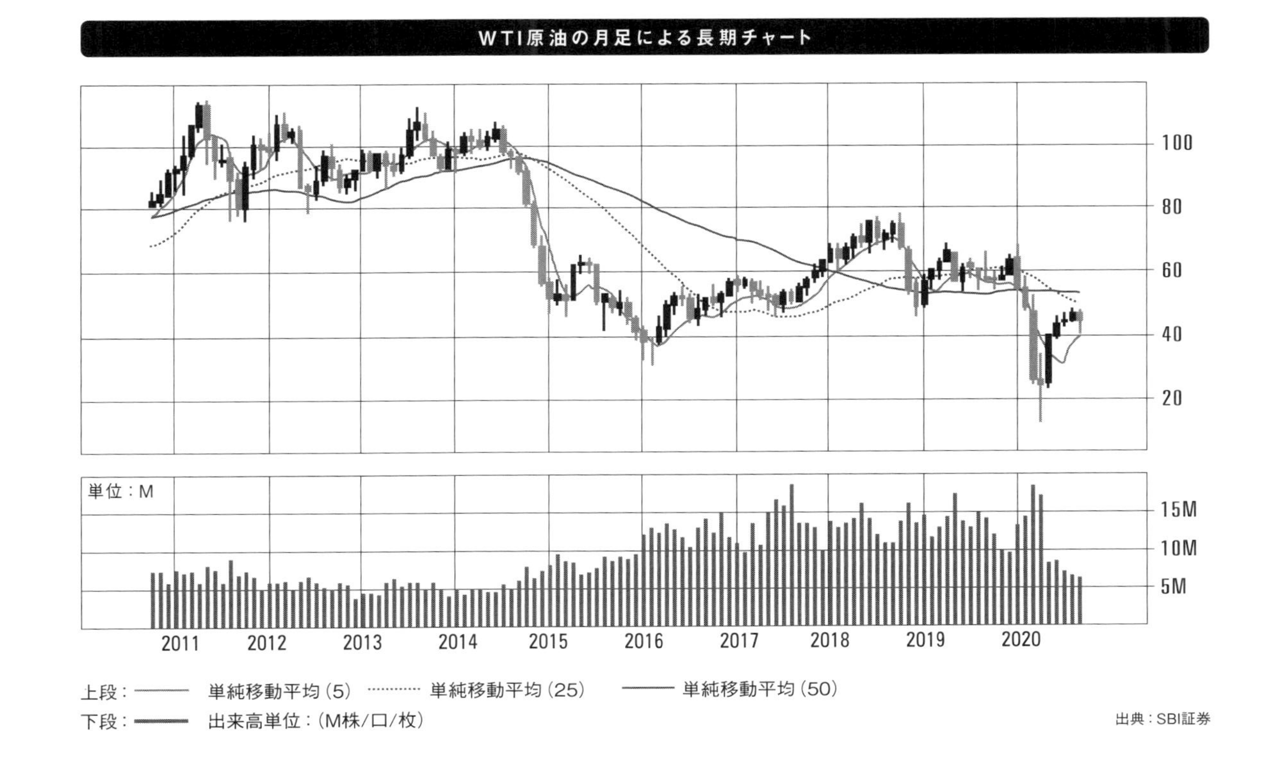

出典：SBI証券

回ったまま定着しているのです。

日本では火力発電が主力となっていますが、そのエネルギーの大半を占めているのは石炭と液化天然ガスです。実は石油の比率はとても低く数パーセントしかないのですが、石炭と液化天然ガスはいずれも石油と同様に用いられる資源なので、原油価格が高騰するとこれらの資源価格も強い影響を受けます。

原子力発電の比率が高まれば一定のリスクヘッジにはなりますが、その見通しがなかなか立たない限りは、資源高の傾向がそのまま電気料金上昇の圧力となり続けることでしょう。

◉原子力発電の停滞

それでは、先ほど言及した火力以外の有望な電力源である原子力発電の動向はどうなのでしょうか。次ページは、電気事業連合会が公表している1980年から2018年までの電源別発電量の推移グラフですが、2010年と2011年、そしてその後の原子力発電の動向にご注目ください。

かつて日本では、原子力発電が最も高いウエイトを占めていた時期がありました。1980年は17％だった比率が順調に伸び続け、2000年には34％にまで上昇します。同年の火力発電が石炭で18％、液化天然ガスで26％だったので、それらを足すと火力発電が最も高い比率になりますが、資源単体ベースで見ると34％の原子力が最大です。

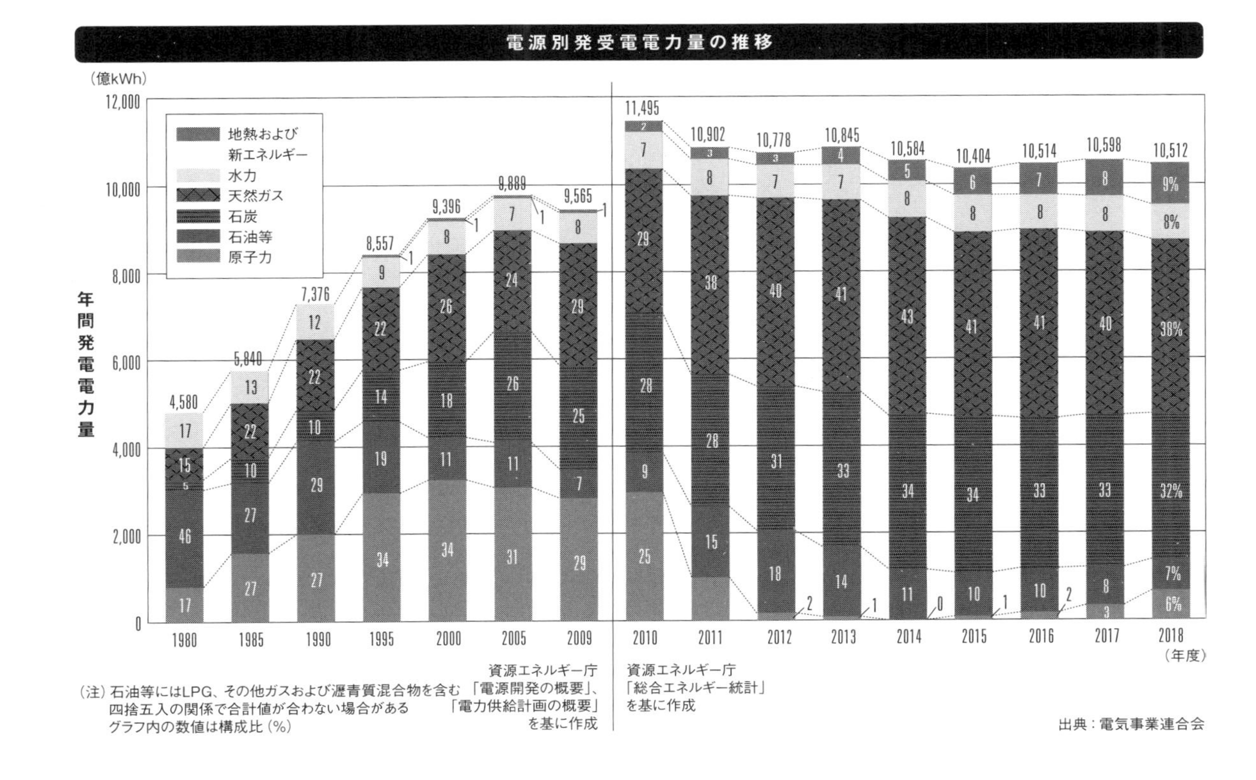
電源別発受電電力量の推移
(億kWh)
12,000
10,000
8,000
6,000
4,000
2,000
0
年間発電電力量
地熱および新エネルギー
水力
天然ガス
石炭
石油等
原子力
1980
1985
1990
1995
2000
2005
2009
2010
2011
2012
2013
2014
2015
2016
2017
2018
(年度)
4,580
5,840
7,376
8,557
9,396
9,889
9,565
11,495
10,902
10,778
10,845
10,584
10,404
10,514
10,598
10,512
9%
8%
38%
32%
7%
6%
(注) 石油等にはLPG、その他ガスおよび瀝青質混合物を含む
四捨五入の関係で合計値が合わない場合がある
グラフ内の数値は構成比(%)
資源エネルギー庁「電源開発の概要」、「電力供給計画の概要」を基に作成
資源エネルギー庁「総合エネルギー統計」を基に作成
出典:電気事業連合会

その後も30％前後で推移していたのですが、日本の原子力発電の運命を大きく変えたのが、あの東日本大震災です。

東日本大震災が起きたのは2011年なので、その年から原子力発電の発電量が急減、翌年からはほとんどないのと同じという比率にまで落ち込んでいます。

理由は言うまでもなく福島第一原子力発電所の被災事故で、原子力発電所の危険性がクローズアップされたために被災していない日本全国の原子力発電所も続々と稼働を停止、その後は部分的に稼働を再開する動きも見られますが、以前のような発電量を回復するには程遠い状況です。

原子力発電を有効利用することを前提にエネルギー戦略を立てていた日本にとって、これはまさに予想外の事態です。これによりエネルギー戦略は大幅な修正を迫られ、高価な火力発電向け燃料を購入している現実があります。そしてその戦略の変更は電気料金の上昇という形で需要家に転嫁されるのです。

●電力自由化

日本は世界的に見て、電気料金が高い国の一つです。その傾向は、次ページの比較を見ても明らかです。

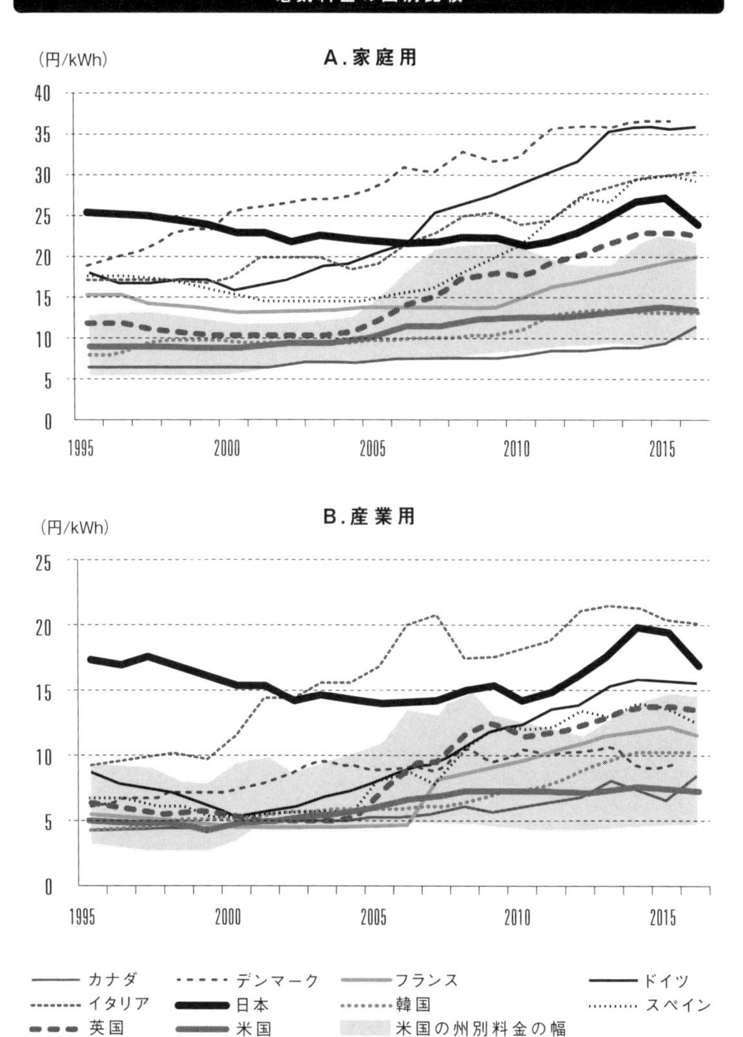

出典:一般財団法人電力中央研究所

家庭用の電気料金は国際的に見て標準レベルと言えますが、産業用になると日本よりも高いのはイタリアだけという状況です。

そんな電気料金が高い状況を、規制緩和によって改善しようとしたのが電力自由化です。それまでは東京電力や関西電力といった大手電力会社がそれぞれの地域で独占運営をしていたところに、電力会社の新規参入を認めたのです。先ほどの国際比較ではアメリカの電気料金が安いことが見て取れますが、これは電力自由化の恩恵であるとも言われています。

日本でも電力自由化を実施したところ、多くの事業者が新電力という分野に参入しました。当社もエネルギー関連企業として新電力に参入しており、「和上電力」としてオフィスビルや工場、医療施設など電力を多く消費する施設に向けた安い電力供給を行っています。

電力自由化によって競争が促進され、電気料金が安くなるというのが当初の狙いでした。事実、その通りになっている部分もあるのですが、全体として電気料金は安くなるどころか高くなっています。

これは新電力の企業努力不足というわけではなく、資源高や送電設備の維持コストなど構造的な原因がほとんどなので、時代の流れとして致し方ない部分がほとんどです。

これについてはとても重要なので、自家消費型太陽光発電を導入しないリスクの一つとして、さらに詳しく後述します。

◎政情不安

あまり喜ばしいことではありませんが、世界は政治的に不安定な局面に突き進んでいます。アメリカのトランプ前大統領が掲げた「アメリカ・ファースト（米国第一主義）」、イギリスによるEU離脱、その他世界中で起きている極右勢力の躍進などは、いずれも世界を平和とは逆の方向に進めていくベクトルです。

特に多国間主義の象徴だったEUの中で離脱の動きが起きているのは、これからの時代を最も象徴していると思います。今では誰も言わなくなりましたが、そもそもEUが誕生したのはヨーロッパの国家間で戦争が起きないようにするためだったのですから。

これと太陽光発電の自家消費との間にどんな関係があるのかと言いますと、世界が不安定化することによる資源高が起きるからです。

本書でもすでに言及しましたが、イラン情勢は直接的な原油価格高騰の要因です。イランは世界有数の産油国であり、埋蔵量も世界トップクラスです。そんなイランが核武装問題でアメリカと対立し、経済制裁によって主要先進国はイランの石油を輸入できなくなっています。

新興国の経済成長により、資源需要は増大し続けています。新型コロナウイルスのパンデミックによって一時的に縮小したものの、経済活動が再開されるにつれて資源需要が再び旺盛になることは間違いありません。資源の需要が増大する一方で供給力が追い付かなくなると資源の奪い合いが起き、これも政情不安の原因になります。

資源の大半を中東の石油をはじめとする海外に依存している日本にとっては、今後考えられるエネルギー安保情勢は決して好ましいものとは言えません。電気料金の上昇圧力だけでなく、国民的な議論で考えるべき問題だと思います。

●災害があるたびに電気料金が値上げされる?

日本は地震だけでなく、台風や豪雨による被害も起きやすい国です。地震と違って台風は事前に接近を察知できるので「備えられる災害」だと言われますが、備えていたにもかかわらず、2018年の大阪、2019年の千葉、2020年の九州などでは甚大な被害が発生しました。

備えることができてもこれだけの被害が出るのですから、日本のどこに住んでいても災害リスクと無縁ではいられません。これを電気料金の視点から見ると、災害が起きるたびに電気料金が高くなるという法則があります。

東日本大震災はその典型的な事例で、福島第一原子力発電所の事故によって日本全国の原子力発電所が停止を余儀なくされ、本格的な再稼働ができないことによって火力発電所への依存度が高まり、高価な燃料を買わざるを得ないというのが今の日本の電力事情です。

◎福島第一原子力発電所事故の賠償・処理費用が、電気代に上乗せ

あれだけ「原発反対」の世論が巻き起こったにもかかわらず、それよりもさらに国民生活に直結する問題があります。とても重要なことなのにほとんど報道されることがなく、そのせいもあってか国民的な議論になっていません。

その問題とは、東日本大震災に伴って起きてしまった福島第一原子力発電所の事故で発生している巨額の賠償金を電気料金に上乗せするというものです。

「えっ、それ本当？」と思われた方も多いのではないでしょうか。それもそのはず、この案件は非公開の会議で話し合われ、ひそかに決定された経緯があるからです。しかもマスコミ報道もかなり少なく、大々的に取り上げているのはネット上の一部メディアだけです。

福島第一原子力発電所の事故では周辺住民などへの損害賠償が巨額になっており、当初は11兆円になると見積もられ

ていたものが、なんと最終的には21.5兆円にまで膨らむと試算されています。あっさりと総額が倍になったのですから、今後さらに膨らむ可能性があります。

こうした問題をはらんでいる電気料金の仕組みを知るほど、少しでも電力会社の電気など買わずに自家発電をして自家消費をしたいと思うのは当然のことです。

この問題の上乗せ分もそうですが、こうした電気料金への上乗せはすべて1kWhあたりいくら、といったように従量課金となっているので、自家消費によって買電量を抑えれば抑えるほど、有効な対抗策になるわけです。

②収益の複線化に有望な選択肢である

新型コロナウイルスのパンデミックによって、多くの企業が目覚めたことがあります。それは、本業だけでは生き残れないかもしれないというリスクです。特に観光や飲食、運輸関係の事業を手掛けている企業の業績は軒並み総崩れで、「コロナ倒産」と呼ばれる経営破綻も起きました。

例えば2020年6月に経営破綻した大阪の「ホワイト・ベアーファミリー」という会社はホテル業を手掛けていましたが、新型コロナウイルスの影響によるインバウンド需要の消失が経営を直撃しました。

もちろんホテル業が本業なので宿泊客がまったくいなければ経営が立ち行かなくなるのは当然ですが、もしこの会社に別の収益性が高い事業があればどうだったでしょうか。

世の中には本業収入を上回る収入源を持っている会社が少なくありません。

例えばソフトバンクはそもそもパソコンソフトの販売業から始まった会社ですが、今では携帯電話事業のほうがはるかに大きな収益を上げているでしょうし、さらには世界中の有望な企業を買収する投資銀行のような事業にも乗り出しており、中国のアリババという巨大IT企業への出資で巨額の利益を上げています。

このように、収益が複線化されている企業は経営リスクが分散されており、経営破綻しにくいメリットがあります。

しかし、どの企業も本業があるからこそそこに経営資源を集中させ、高度なノウハウを持つことで競争力を維持していることと思います。その上で収益を複線化させるためには、異業種の副業に進出することになるため難しいとお感じだと思います。

そこでおすすめしたいのが、太陽光発電や不動産投資など人的リソースを充てる必要があまりない放置型の副業です。

太陽光発電の場合は売電ビジネスを想像される方も多いと思いますが、それだとFITの期間が終了したあとの収益モデルを描けない問題もあるため、ここでもやはり自家消費型太陽光発電をおすすめします。

具体的に収入源が増えるわけではありませんが、電力コストを大幅に削減することにより、実質的に収入源を持つのと同じ効果が得られます。

経営環境の先行きに不透明感が払拭できない昨今、収益の複線化は企業経営に欠かせないリスク管理です。

③売電では出力抑制の影響を受ける

自家消費型は、産業用太陽光発電にもたらされた新しい選択肢です。従来の産業用太陽光発電は全量売電が前提になっているため、売電に何らかの悪影響が生じるとそれが太陽光発電事業のリスクとなります。

具体的には「売電価格が下がる」ことと、「売電できなくなる」こと、これらが2大リスク要因です。売電価格が下がっていくことについてはすでに何度も述べてきました。FITに依存したビジネスモデルである場合も、20年間の買取期間を終えると極めて低い価格での売電しかできなくなるのもすでにお話をした通りです。

さて、もう一つの「売電できなくなる」というリスク。こちらのほうが実は深刻かもしれません。というのも、売電価格が下がっていくことについてはあらかじめ予告されていることであり、売電型の太陽光発電ビジネスに参入する事業者はすでに承知していることです。

問題は突然売電ができなくなる恐れのある、出力抑制です。出力抑制についてもすでに解説した通りですが、今後出力抑制が起きる可能性はどれほどあるのでしょうか。

出力抑制の「実績」を作った九州電力自身が、出力抑制についての順序を公式にアナウンスしています。まずは、下の図をご覧ください。

出力抑制の必要性が生じた場合、この順番で抑制していきますよというリストです。これを見るとバイオマスの次に太

出力の抑制等を行う順番

0	•電源Ⅰ（一般送配電事業者が調整力として予め確保した発電機及び揚水式発電機）**の出力の抑制と揚水運転** •電源Ⅱ（一般送配電事業者からオンラインで調整ができる発電機及び揚水式発電機）**の出力の抑制と揚水運転**
1	•電源Ⅲ（一般送配電事業者からオンラインで調整できない火力電源等の発電機（バイオマス混焼等含む）及び一般送配電事業者からオンラインで調整できない揚水式発電機）**の出力の抑制と揚水運転**
2	•**長周期広域周波数調整**（連系線を活用した九州地区外への供給）
3	•**バイオマス専焼の抑制**
4	•**地域資源バイオマスの抑制**※1
5	•**自然変動電源の抑制**　・太陽光、風力の出力制御
6	•**業務規程第111条**（電力広域的運営推進機関）**に基づく措置**※2
7	•**長期固定電源の抑制**　・原子力、水力、地熱が対象

※1：燃料貯蔵の困難性、技術的制約等により出力の抑制が困難な場合（緊急時は除く）は抑制対象外
※2：電力広域的運営推進機関の指示による融通
出典：九州電力

陽光発電が対象になっていることが分かります。番号で見ると５番目です。現実に九州電力が出力抑制をした際にもこの順番を適用しているので、４番までもすべて抑制した上で５番目である太陽光発電が出力抑制の対象となりました。

出力抑制については、やはりそれぞれの電力会社がカバーしている地域の電力需要と関わりがあります。

東京電力、関西電力、中部電力では「360時間ルール」という出力抑制ルールを適用しており（50kW以上の施設が対象）、出力抑制が発生したとしても上限は360時間までです。それより小さい規模の発電施設については出力抑制の対象になっておらず、やはり電力需要が高い地域だけのことはあるといった印象です。

それに対して北陸電力、四国電力、中国電力、沖縄電力はすべての規模に「360時間ルール」が適用されるため、上記３社と比べると若干出力抑制が起きやすい印象を受けます。

そして最後に、北海道電力と東北電力、そして実績を有している九州電力については、すべての発電施設に対して「指定ルール」が適用されるとあるため、最も出力抑制が起きやすいと想像できます。

これらは電力需要と比例しているので、売電型の太陽光発電ビジネスを展開する場合は電力需要の多寡を考慮する必要があるでしょう。

売電型だと買い手が必要になるわけですが、自家消費型だとこうしたことを考慮する必要が一切ありません。むしろ出力抑制が起きやすい地域では、急激な電力需給バランスの変化によって万が一の停電が発生するリスクも否めないので、それも含めて出力抑制の影響を受けない自家消費型の優位性が高まります。

④BCP対策の必要性

すでに詳しく解説したBCPについてですが、BCPが提唱され始めた当初は感染症のパンデミックも想定しているリスクの一つでした。その当時、誰もがSF映画のように感じていたことでしょう。

しかし、2020年の新型コロナウイルス感染拡大は、そのSF映画のような想定条件が現実になりました。

世の中にはBCPをすでに取り入れていた企業が相当数あったはずでしたが、いざパンデミックが現実になると対応が後手後手に回った印象が否めません。やはりBCPを本格導入していた当の企業にとっても、どこかSF映画の中の出来事だという意識があったのでしょう。

しかし今は違います。BCPが想定しているリスクが現実になることをすべての人が知りました。これからは有効性の高いBCP対策が必要になり、その中に自社独自のエネルギー確保は当然ながら含まれます。自家消費型太陽光発電に寄せられている期待は大きく、BCPを意識した普及が進むのは間違いありません。

⑤CSRの一環として

「企業の社会的責任」と訳されるCSR活動。そこで太陽光発電を中心とする環境問題への取り組みをアピールする企業が目立ちますが、そこには企業としての戦略があります。

CSRは、すでに日本でも広く認知されている概念です。ここであえておさらいしておくと、CSRとは「企業の社会的責任」という意味です。CSRは略称であり、「Corporate Social Responsibility」の頭文字を並べたものです。

企業は社会の一員であり、社会の中で営業活動をして利益を上げているのだから、社会に恩返しをする責任がある、といった意味合いで広く浸透しています。

大企業を中心に企業のホームページを見ると、「CSR」のページが用意されていて、そこには環境保護や慈善団体への寄付など、社会貢献活動が掲載されています。

日本国内ではCSRと言うと後述する太陽光発電など環境保護への対策が注目されがちですが、社会的責任を果たす活動であれば基本的には何でも構いません。毎週月曜日に社員が総出で会社の周りを掃除している、ということであっても立派なCSRです。

しかし、そんな中でCSRとして太陽光発電など環境への取り組みを採用している企業が多いのはなぜだと思われますか？

その理由は簡単です。日本国内において環境保護への取り組みが最も受け入れられやすく、企業のイメージアップにつながるからです。CSRが持つ本来の目的は社会貢献ですが、それに対して営利企業が経営資源を投じる以上、やはり企業イメージの向上という「見返り」は必要です。

環境保護への取り組みはその中でも、見返りとのコストパフォーマンスが良いということだと思います。

しかし、従来からのCSRには特に第三者的な基準があったわけではなく、何となく企業が良いことをしていればCSRの一環として認知されるという傾向がありました。

しかし今は違います。CSRに積極的に取り組んでいないと取引をしてもらえない、金融機関からの融資を受けられないといったように、CSRの具体的な戦略がなければ企業として生き残れないレベルにまできています。

しかも、何か良いことをしていれば何でも良いということでもなくなってきており、「何を目指すのか」「そのために何をするのか」といった方向性や、その活動に対する評価などが求められています。

これが自家消費型太陽光発電の普及を後押ししている事実があるのですが、それはなぜなのか？　次項からその具体的な基準を交えて解説します。

⑥RE100、ESG、SDGsなど「環境基準」への取り組み

CSRの一環として環境保護や社会貢献に取り組んでいないと企業として生き残れないと述べました。そのための具体的な基準として、ここではRE100、ESG、そしてSDGsの三つについて解説します。

●RE100の波が日本にも押し寄せる

RE100とは、イギリスの国際環境NGOであるTCG（The Climate Group）という団体が提唱したイニシアティブです。

初めて提唱されたのは2004年で、この団体が所在するイギリスをはじめ、アメリカやインド、中国、香港などに支部が置かれ、世界中の企業や政府に対して参加を呼び掛けています。

そのメッセージはいたってシンプルです。RE100のREとは「Renewable Energy」の略で、これを直訳すると「再生可能エネルギー」となります。そして100とは100％のことです。

つまり、RE100とは企業や政府などが使用するエネルギーのうち再生可能エネルギーを100%にまで高めることを目指す取り組みです。もちろん再生可能エネルギーには太陽光発電も含まれており、RE100に加盟している企業は太陽光発電を含む再生可能エネルギーの利用比率を高めるために、さまざまな企業努力をしています。

日本ではまだ先進的な企業や一部の大企業でしか広がりが見られませんが、世界ではRE100という取り組みが大きな潮流となっています。「そのうち考えておく」という段階はすでに終わっており、RE100への取り組みが必須になりつつあることを認識しておいてください。

◎すでに「再エネ100%」を達成した企業も存在している

再生可能エネルギーの比率を100%にするということは、果たして現実問題として可能なのでしょうか。

将来はともかく、今はまだまだ化石燃料に依存している経済であり、明日から突然石油や天然ガスが消えてしまう世界は想像できません。日本の電力会社がどのように発電をしているかを考えると、60%以上という大多数を占める火力発電の比率を限りなくゼロに近づけていかなければなりません。

日本国内のRE100加盟企業がこうした化石燃料によって生み出された電力を買っている限りは、「RE100の取り組みが足りない」と見なされてしまいます。そんな状況を考えると、発足当初からRE100に加盟している企業はどんな電力調達の戦略を描いているのかが気になるところです。

環境省が調査した加盟企業の取り組みを見てみると、そこからは大きな流れのようなものが見えてきます。再生可能エネルギーによる発電を行っている電力会社から電力を購入し、生産拠点など広大な施設を保有している企業は自社の敷地に太陽光パネルを設置して自家消費をするというのが、基本線です。

大企業であれば自社の広大な施設や敷地に太陽光パネルを置くことができるので、自家発電と自家消費によってRE100の達成を目指す企業も多く見られます。

こうした各企業の取り組みで注目なのは、すでに再生エネルギー率100%を達成している企業やプロジェクトが現実に存在していることです。夢物語だと思われていた「100%再エネ」がすでに実現していることは、日本ではあまり注目されていないように感じます。

例えばRE100加盟企業であるロイヤル・フィリップスは、北米事業においてRE100を達成しています。その電力源はロス・ミラゾール風力発電所であり、風力という再生可能エネルギーの調達が大きく寄与することで、RE100達成を実現しました。

日本国内ではRE100に対してまだまだ現実味がないと考

えている企業も多いと思いますが、すでにRE100を達成している企業が存在しているというのは、もはや言い訳にならない段階に来ているということです。

◘「RE100の世界」では今後、電力源が問われる

RE100は加盟企業が増え続けており、当初は企業のCSRの一環という位置づけだったものが、今や世界的な潮流になりつつあります。その潮流とは、「RE100品質でないものは価値が低い」という概念です。

先ほどRE100加盟企業で先行している事例をご紹介しましたが、これらの企業はRE100を達成するために電力の調達方法を工夫しています。化石燃料による電力を購入しているとRE100の達成から遠ざかってしまうので、この時点で日本の東京電力や関西電力といった大手電力会社は全部アウトです。

電力を供給する側、さらにはそれらの企業に部品などを納入する取引先企業についても、RE100品質であることが求められます。

その製品が優れているかという評価、さらにはコストを削減した価格的優位性だけでなく、「何に由来するエネルギーで製造された製品なのか」という点が問われています。

RE100加盟が環境保護に積極的であるというアピールになる段階はもう昔のこととなり、RE100でなければ相手に

されない時代が始まっているのです。
「RE100は体力のある大手企業がやっていること」と高をくくっていては、この世界的な潮流に乗り遅れるかもしれないのです。
しかも、体力では大企業に劣る中小企業であっても、今や自家消費型太陽光発電をPPAモデルや自己託送を活用して導入すれば要件を満たせる環境が整っていますし、中小企業であれば優遇税制などの支援制度もあるのですから、「体力がないから無理」は理由にならないでしょう。

●再エネ100宣言 RE Action

「再エネ100宣言 RE Action」という活動があります。これは「企業、自治体、教育機関、医療機関等の団体が使用電力を100%再生可能エネルギーに転換する意思と行動を示し、再エネ100%利用を促進する新たな枠組み」と説明されます。
この活動の最も重要な部分は、企業や団体などが使用する電力の100%を再生可能エネルギーにすることです。目指している目標としては、RE100と似ている部分が多くあります。もちろん、この再生可能エネルギーには太陽光発電も含まれています。
他にもRE100やSDGsといった環境に関連する取り組みはたくさんありますが、この「再エネ100宣言」も今後大きな潮流になる可能性が高く、参加特典として用意されているロゴの使用が、今後の企業活動においてイメージ確保やグリーン調達などへの対応をアピールすることにつながります。

●ESG

近年の企業経営で重視され始めているESG。CSRなど企業の社会的責任という側面だけでなく、企業の経営リスクや持続的成長に欠かせない概念として投資家の間でも重視する動きが広がっています。

ESG、もしくはESG投資という言葉を最近目にすることが多くなったとお感じの方は多いと思います。企業が太陽光発電に取り組むべき理由としてCSRとRE100を挙げてきましたが、三つ目であるESGはその集大成のような概念です。

ESGは、三つの英単語を並べた造語です。EはEnvironmentで環境、SはSocialで社会、GはGovernanceで企業統治というそれぞれの意味を持っています。つまり、ESGとは環境、社会、企業統治という三つの視点から企業として真っ当かどうかを評価する概念のことです。これだけだと漠然としているので、詳しく解説していきましょう。

ここで言う「真っ当」とは、投資家にとっての投資価値です。ESG投資という言葉があるのは、株を上場している企業に対してESGという三つの視点から評価をして、果たして投資価値があるのかどうかを判断する際に用いられます。

このESGという概念のもとでは、環境、社会、企業統治という三つについて十分な答えを発信することができていない企業は投資家として投資するべきではない、と見なされてしまいます。

ESGは、環境先進国が多いヨーロッパで始まった概念です。これまで投資家が企業への投資判断をする際には、売り上げと利益、さらに言えばそれに裏づけられた成長力や将来性を重視していました。

もちろんそれは今も重要なのですが、それだけを追い求めている企業は今後生き残れないご時世になっているため、ESGの視点から評価をして成長力が見込めるかを判断する必要が出てきているのです。

これまでにもESGに近い評価方法はありました。CSRもそれに近いものですし、そもそも株を上場している時点で外部から監視の目に晒されるわけで、企業経営の透明性はある程度担保されています。

その状況において、なぜESGなのでしょうか。それを読み解くには、ESGそれぞれがどこに価値を見出しているかを知る必要があります。

Eの「Environment＝環境」については、本書でもテーマとしている部分とほぼ合致するためイメージしやすいと思います。ESGの定義では、地球温暖化への対策や生物多様性の保護に資する取り組みが評価の対象となります。RE100ももちろん、その一環として解釈されています。

次にSの「Social＝社会」では、人権への対応と地域貢献活動です。こちらはより崇高な理念に基づくもので、従業員や取引先など「人」に関する待遇や権利保護が十分であること、さらに企業が所在している場所との調和が図られているかが評価されます。

これらが充足していない企業は退職者からの嫌がらせや内部リークのリスクに晒されますし、地域社会との調和が取れていないような企業は反対運動の標的になってしまうかもしれません。

近年、中国のウイグル自治区における人権侵害が問題視されています。強制労働に近いような環境で労働者を使えば低コストが実現しますが、その対価として当の労働者たちの人権が蹂躙されています。ESG投資では、こうした要素も考慮されるため、低コストだけに走った企業が今後厳しい目に晒されるのは間違いないでしょう。

三つ目のGである「Governance＝企業統治」は、経営の透明性や安全性に関する評価です。法令遵守（いわゆるコンプライアンス）と情報開示（ディスクロージャー）、そして社外取締役の独立性を主な評価基準としています。いずれも持続的な成長には欠かせないものばかりなので、環境や社会と並んで重視されます。

ESGがこれまでの評価と異なる点は、三つのそれぞれ違う視点を持つESGが一体となって評価される点です。

環境への取り組みが十分ではない企業は地域から疎外されるかもしれませんし、魅力あるメッセージを発信することはできないでしょう。人権への対応が不十分な企業が社外取締役の独立性を保てないといった具合に、ESGそれぞれリンクし合う形で一つの企業価値をつくり出しています。

●ESGが不十分だと企業は破綻に向かう現実

本書は太陽光発電の自家消費をテーマとしているのでESGの全体とは直接の関わりがありませんが、このESGを知れば知るほど環境問題との関わりを見出すことができるので、実に面白い概念だと思います。

ESGをおろそかにしたことで重大な事態を引き起こしてしまった事例は数え切れないほどありますが、その典型例は公害でしょう。

公害によって従業員や周辺の住民に健康被害が出た場合、その企業はE（環境）とS（社会）において不適切な経営をしてきたことになります。もしそれが会社の方針とは異なる原因で公害が発生しているとしたら、Gの企業統治まで危ういのではないかと疑いの目が向けられます。

すでに日本では公害問題が取り沙汰されることはあまりありませんが、公害が今もなお社会問題となっている中国やインドではESGとは程遠い企業経営が横行しています。それによって住民から訴訟を起こされたり、ひどい場合は暴動や不買運動にまで発展しており、経営リスクとして顕在化しています。

以前であればこうした問題を隠蔽して秘密裏に金銭的な解決をすることもできたと思いますが、今ではネットで情報が拡散し、それを知った投資家から鉄槌を下されてしまいます。ESGをおろそかにすることによって中長期的に企業は破滅に向かう時代なのです。

◘話題のSDGsにも自家消費型太陽光発電がマッチする

RE100やESGはビジネス用語の範疇にある言葉ですが、SDGsはすでに一般的なキーワードとして広く用いられています。そのため、すでに目にしたことがある方も多いのではないでしょうか。

SDGsとは「Sustainable Development Goals」の略で、日本語では「持続可能な開発目標」と訳されています。Goalsというように複数形になっているので、「開発目標たち」と表現したほうが正確かもしれません。このSDGsには合計17の目標が設定されているのですが、そこには環境保護に関するものも含まれています。

最も太陽光発電と関わりが深いのは、13番目の目標である「気候変動及びその影響を軽減するための緊急対策を講じる」のテーマでしょう。

ご存じのように、気候変動の主たる原因として二酸化炭素など温暖化ガス増加が指摘されており、それを削減するためには再生可能エネルギーの利用拡大が効果的であることもすでに共通の認識となっています。

そこで、自家消費型太陽光発電です。太陽光発電は発電時に一切二酸化炭素を排出しないため、とてもクリーンなエネルギーであることは言うまでもありません。しかも自家消費型の場合は、化石燃料にいまだ依存している電力会社の電力を極力購入することなくエネルギーをまかなうことになるため、SDGsだけでなくRE100やESGの理念にもマッチしています。

このSDGsについても、RE100やESGと同様に投資家からの投資判断に用いられており、それと同時に金融機関からの融資、さらに自治体などからの支援を受けられるかどうかの判断材料になりつつあります。

こちらについても「体力のある大企業」だけのものではなくなっており、中小企業が取り組みやすい環境が整ってきていることから、先進的な企業やベンチャー企業などにも積極的に取り組みが広がっています。

次項からは企業が自家消費型太陽光発電を導入しないリスクを解説していきますが、RE100やESG、SDGsの取り組みをおろそかにすることも、今後は重大な経営リスクとなっていくことでしょう。

企業が自家消費型太陽光発電を導入しないリスク

ここまでは、自家消費型太陽光発電が企業にもたらすメリットや必要性について解説してきましたが、ここで解説するのは「導入しないことによるリスク」です。少々脅しのような表現になりますが、こうしたリスクを顕在化させないことは安定的な経営や企業の成長戦略につながります。

①エネルギーコストが不安定になる

大量に電力を消費する企業にとって、エネルギーコストは利益構造に直結します。できるだけ安いエネルギーを調達したい思いがあるのと同時に、エネルギーコストを安定化させることは至上命題です。

エネルギー資源の大半を海外からの輸入に依存している日本は、エネルギー資源そのものの価格変動だけでなく、為替変動による影響も受けます。

原油価格が下落して調達環境が良くなったとしても、資源取引はドル決済なので為替が円安になると原油安の恩恵を帳消しにしてしまいます。もし資源高と円安が同時に進行すると、エネルギーの調達コストは跳ね上がってしまいます。

これまでにもそういったことは何度も起きており、自由に価格が変動する相場に実体経済が振り回されるのは好ましくありません。

自社で使う電力は自社でまかなうという自給自足は、企業経営の安定化に欠かせない特効薬となるでしょう。

②中長期的にエネルギーコストが増大する

もう何度も述べてきたことですが、中長期的に見るとエネルギー資源の価格は間違いなく上昇します。化石燃料の埋蔵量には限りがあり、その一方で需要が増大しているのですから、その先行きは子供であっても想像ができることです。

そのために先物などを活用する金融的なテクニックはありますが、それは恒常的なものではありません。どんどん高くなる電力を今のうちに自給自足できるようにしておくことは、企業の競争力向上にもつながります。

電力の自給自足に取り組んでいる企業と、そうでない企業。どちらが生き残るかは、言うまでもないことです。

③非常事態に弱い企業になってしまう

企業経営を取り巻く「非常事態」は、実にたくさんあります。物的なリスク、人的なリスク、さらには内部要因、外部要因など。その中でも実際に起きてしまうと喫緊のリスクになるのが、停電などエネルギーの供給ストップです。

その原因も、実に多くあります。自然災害やサイバー攻撃、実際の軍事的な攻撃までも含めると、企業が非常事態に直面する可能性は意外に高いのです。今までなかったことがこれからもないという保証はどこにもなく、それを如実に示している一つの事例が、新型コロナウイルスのパンデミックでしょう。

かつて石油を大量に使用する企業の中に、自社内で石油を備蓄する動きがありました。

これも当然のリスク管理と言えますが、備蓄している石油には限りがあります。供給ストップが長期化すると枯渇してしまうリスクを抱えていることに変わりはありませんが、太陽光は枯渇しない無限のエネルギー源です。この点においても、自家消費型太陽光発電の圧倒的な強みがあります。

BCPの項でも解説したように、非常事態に弱い企業は今後リスクの高い企業だと見なされてしまいます。そのことによって投資家から見放されてしまうことも、株価下落などを招く重大な経営リスクなのです。

④社会的な信用を維持できなくなる

RE100やESG、SDGsなどの取り組みが企業価値に直結することはすでに解説しましたが、それよりも一般的なレベルの話に落とし込んでも環境保護に積極的でない、そして非常事態に弱い企業は社会的な信用を維持できなくなります。

これは世界に横たわる多くの問題や、多発する自然災害や紛争などによって人類が「目覚めた」結果であるとも言えます。利潤や効率だけを追求してきた従来型の資本主義はすでに役目を終えており、世界は新しい段階に入っていることを認識しなければなりません。

それを象徴するような、一つの事例があります。東京のTBSラジオが毎週放送している「ナイツのちゃきちゃき大放送」という番組は、「みんな電力」という新電力から調達した電力でTBSラジオの戸田送信所から放送されています。

この放送に使用されている電力は100%再生可能エネルギーであり、このことは同番組に出演している漫才コンビの「ナイツ」が番組の冒頭にそのことを告知しています。

人気漫才コンビがレギュラー出演している番組だけにリスナー数も多く、そんな番組で「放送に使用されている電力源」を毎週紹介しているのは、画期的なことです。
このことについてTBSラジオは「リスナーの皆さん一人一人が再生可能エネルギーについて考え、自分たちが日々使う電気を意識して、TBSラジオと共に新しいアクションを起こすきっかけとなればと考えております」と公式にアナウンスしていますが、これはまさにRE100の理念そのものです。
すでに一般リスナーの中からは「再生可能エネルギーだけでラジオ放送ができる」ことに反響が寄せられており、かつては想像もできなかったような未来がすでに現実になっていることを象徴しています。

TBSラジオがこうした取り組みをメッセージとして発信する理由はもちろん、企業としての生き残りをかけた戦略です。今後こうした動きが広がるのは間違いなく、この流れについていけない企業は社会的な信用を維持できなくなり、脱落していくことになるのです。

⑤電力自由化の潜在的なリスクが顕在化する

今述べた、TBSラジオの取り組みに登場した「みんな電力」のような新電力は、電力自由化によって登場した新しい電力会社です。
こうした事例を見ると電力自由化のメリットを実感することができますが、実は電力自由化はメリットだらけというわけではありません。その典型と言えるのが、電気料金です。

これまで1社独占だったところに競合となる業者が参入するので価格とサービスの競争が起きることが期待されていましたが、実際には価格がそれほど劇的に下がったということはなく、むしろ上がっています。

これについては、燃料費の高騰など電力自由化とは無関係の理由もあるのでしかたがないのですが、サービス競争が起きているのかというと、固定電話や携帯電話のような競争になっているわけではないというのが、率直な印象です。

それではどんなメリットがあるのかというと、「電力源を選ぶことができる」というのは確実に言えるメリットです。

既存の電力会社はさまざまなエネルギーを利用して発電をしていますが、新電力の中には太陽光発電など再生可能エネルギーのみで発電を行っていることを売りにしているところもあります。先ほどご紹介した「みんな電力」も、その一つです。

個人レベルで電力源を選ぶことができるのももちろんですが、企業が電力調達の際に再生エネルギーを選ぶことができるのは、先述したRE100への取り組みなどで効果を発揮します。

●電力自由化の三大リスクとは?

あまりメリットを実感できない一方で、電力自由化には主に三つのリスクがあるとされています。これらのリスクはどれも絵空事ではなく極めて現実感のあるリスクなので、新電力を利用する際には知っておくべきことだと思います。

◘電力供給の予備力に不安がある

電力会社間で競争が起きるということは、1社だけが突出して高い電気料金を提示していては競争に負けてしまいます。それは既存の大手電力会社であっても同じなので、既存の電力会社も含めて価格競争に突入します。

価格競争は事業者が最も嫌う消耗戦であり、価格競争で疲弊した業者は脱落を余儀なくされることもあるでしょう。そうでなくても経営体力を維持するためにコストダウンに走らざるを得ません。

そこで懸念されるのが、予備力の低下です。予備力とは、電力供給力の余裕分のことです。東日本大震災の発生後に節電が呼びかけられ、ついには計画停電が実施されたことがありました。これは福島第一原子力発電所の事故によって発電能力が大幅に低下し、予備力が削がれてしまったからです。

予備力がなくなって需要に供給が追い付かなくなると、大規模停電が発生します。アメリカではそのリスクが現実になり、ニューヨークが長時間にわたって大停電してしまう事件がありました。大停電が発生した場所が場所だけに、この事件での経済的な損失は計り知れません。

競争の激化によって供給力が逼迫してしまうのは停電リスクを高めることにつながるため、電力自由化で最も意識しておく必要があると言えるでしょう。

特にこのリスクが企業を直撃すると生産活動や経済活動を続けられなくなるため、自営的な手段として自社独自の電力源としての自家消費型太陽光発電を持っておく必要性が高まります。

◉電力会社の破綻、倒産リスク

既存の大手電力会社でさすがにそれはないと思いますが、新電力の中には経営基盤がそれほど盤石ではないところも散見されます。

こういった業者は赤字体質から脱却できず、参入したのは良いものの早晩撤退することになるでしょう。そのような淘汰が進んだ後であれば体力のある新電力だけが残ることになりますが、それでもなお電力会社の経営破綻や倒産といったリスクがゼロになるわけではありません。

では、契約している電力会社が万が一倒産してしまい、そのまま放置しているとどうなるのかご存じでしょうか。この場合はすぐに別の電力会社に乗り換える必要があります。それをせずに放置していたら契約している電力会社からの供給が止まるため、停電となります。

電力会社が破綻するとどのような扱いになるのかについては、本書の作成段階では明確になっておらず、「地域の電力会社が送電を継続する」という以外に、料金プランがどうなるのかといったところまでは未定の状態です。

こういった不確定要素も、電力自由化にひそむリスクと言って良いでしょう。光熱費削減の目的で新電力に乗り換えた企業など、新電力に過度の依存をしている場合は要注意です。

◎電気料金の値上がり

皮肉なことですが、電力自由化の最大の目的だった電気料金の値下げは、今なお実現していません。自由化によって競争は起きたものの、それを上回る燃料費の高騰など値上げ要因が多かったからです。それでは燃料費が下落すれば電気料金が安くなるのかというと、なかなかそうもいかない事情があります。

燃料費が下がっても電気料金を下げにくい理由として、送電設備のメンテナンス費用があります。長らく使用してきた電力供給インフラは順次老朽化しており、それらのメンテナンス費用が膨大な規模になることが指摘されています。

これは他の分野でも同様で、日本は高度成長期に作られたさまざまな社会インフラがメンテナンスを要する時期に差し掛かっており、そのコストは避けられません。

◎電力自由化ならではのリスクに自給自足で備える

電力自由化による予備力の低下が起き、それが供給不安につながるとしたら、そのリスクから自衛する最善の手段は電力の自給自足ということになります。

電力供給やエネルギーに関わる業界の者として、先述したアメリカの事例は考えただけでもゾッとしますが、それがいつ起きてもおかしくないほどリアルなものであるところに、よりリスクを身近に感じてしまいます。事実、ニューヨークの大停電があったあとも韓国全土が大停電するような事件も起きています。

電力の自給自足とは、もう言うまでもないと思いますが、自家消費型太陽光発電がその最有力です。もちろん風力発電が可能な敷地があるということであれば太陽光発電にこだわる必要はありませんが、投資コストやメンテナンス性を考えるとやはり太陽光発電が最も手軽かつ確実です。

企業にとって導入しやすい環境が整備されている

自家消費型太陽光発電の普及が企業を中心に進んでいるのは、企業がアクションを起こしやすい環境が整ってきているからです。すでに解説していることも含めて、次の四つが企業を後押ししています。

①蓄電池の価格低下

本格的な自家消費型太陽光発電を導入する場合、天候不良の日や夜間にも自家消費をする観点から蓄電池を設置するのが望ましいですが、その価格がネックになっていました。

しかし昨今では技術革新や大量生産によって蓄電池の材料であるリチウムイオン電池の価格低下、また太陽光パネルの価格低下も進んでおり、企業にとっての初期投資リスクが大幅に軽減しています。

特にリチウムイオン電池はとても高価なイメージがありましたが、2008年頃からの10年間だけでも単価が半分程度にまで下落しており、蓄電池の設置を前提にした自家消費型システムを購入しやすくなりました。

②補助金制度

国としても太陽光発電の普及や、その中でも自家消費型の普及を後押しする姿勢をとっているため、さまざまな形で補助金を出す方向で議論が進められています。まだ未確定のものも含めて挙げてみると、以下のようなものがあります。

・再生可能エネルギー電気・熱自立的普及促進事業
・再エネ主力化に向けた需要側の運転制御設備等導入促進事業

その他にも自治体が設定している補助金制度もあります。

例えば京都府には「自立型再生可能エネルギー導入等計画の認定制度」という支援制度があります。この名称にある「自立型」というのは自家消費型システムのことを指しており、行政としても自家消費型に対する高い期待を寄せていることが窺えます。

③中小企業向けの税制優遇

税制面での優遇措置としては、すでにご紹介している「中小企業経営強化税制」が最も有望です。中小企業の経営基盤強化を目的としているので、この制度の精神からは自家消費型太陽光発電の導入によってコスト削減を実現してほしいという願いが感じられます。

④自己託送、PPAモデル

自家消費型太陽光発電の普及に対して、おそらく最も威力を発揮しているのがPPAモデルと自己託送です。これらの意味についてはすでに解説しましたので割愛しますが、導入時に費用がいらないこと、さらに太陽光パネルを設置する場所がなくても「何とかなる」というのは、多くの企業にとってメリットしか感じられないことでした。

農業との連携

近年、太陽光発電と農業を融合させたモデルが注目を集め、普及が進んでいます。太陽光発電と農業はいずれも太陽光を必要とする事業ですが、農業の分野によっては日中ずっと太陽光が当たっていなくても良い（むしろ当たりすぎないほうが良い）ような作物もあります。

主にキノコ類や花卉（かき）、お茶などが該当しますが、こうした作物を育てる際にはわざと日照量を調節するために屋根などを設置することがあります。ここに太陽光パネルを設置すれば、作物の良好な生育環境を作りつつ上空では発電ができることになるため、まさに一石二鳥となるとても理想的なモデルです。

このようなモデルのことを、太陽光をシェア（共有）するという意味合いから、ソーラーシェアリングと言います。ソーラーシェアリングはメリットがとても多いモデルであるとして、国も推進しています。ちなみに国はこのソーラーシェアリングのことを「営農型太陽光発電」と呼称しています。

従来の売電型であれば、農園に太陽光パネルを設置して農業と売電を併用する形しかありませんでしたが、今は自家消費型という選択肢があります。

売電は近くに送電網があってそこに接続できる必要がありますが、農業との連携で自家消費型太陽光発電を運用する場合、農園で発電した電力を農業機械や揚水ポンプといった農業に用いられる電力に充当することも可能になります。これにより農業のコストを削減すれば、より価格競争力の強い農業が実現するでしょう。

当社ではこのソーラーシェアリングにいち早く着目、農地所有適格法人の法人格を有した「株式会社和上の郷」を設立、各地でソーラーシェアリングを営農実践しています。

ソーラーシェアリングとPPAモデルの融合「農業PPA」

このソーラーシェアリング事業にも、PPAモデルを適用することができます。具体的にはすでに営農している農園の上空にPPAモデルを利用して太陽光発電設備を設置し、そこで発電された電力を購入するというスキームです。

近年では注目度がとても高くなっているRE100を目指す企業も多くなっていますが、RE100が求めている要件を満たすことは決して簡単ではありません。しかし、このPPA

モデルを使って、農園の上にPPAモデルで設置した太陽光発電所からの電力を購入することにより、再生可能エネルギー比率を飛躍的に高めることができます。

さらにこの農園も自社によって運営すると、二次的なメリットも生まれます。その二次的なメリットは農園で収穫された作物を商品化するだけでなく、農園が二酸化炭素を吸収するため、「攻めの環境貢献」をアピールする材料にもなります。

このように農業と太陽光発電はとても親和性が高く、「農業PPA」としてさらなる広がりを見せることを当社も期待しています。その端緒となる自社農園での事業を通じて、今後もノウハウを蓄積して時代の先端を走っていきたいと考えています。

第5章

自家消費型太陽光発電を導入するまで

自家消費型太陽光発電の二大タイプ

自家消費型の太陽光発電と一口に言っても、そこには二つの大きな分類があります。一つは完全自家消費型で、もう一つは余剰売電型です。それぞれの特徴とメリット、デメリットについて見ていきましょう。

①完全自家消費型

電力の自家消費を前提として蓄電池を含めたシステムです。昼間の余剰電力はすべて蓄電池への充電に回され、夜間や天候不良の日には蓄電池からの放電によって電力供給をまかなうという仕組みです。もちろんこれだけでは足りないこともあるので、その場合は電力会社からの供給電力を使用します。

自家消費が優先されるため、自宅や事業所などで発電された分はすべて自家消費に回されるので、光熱費負担を極限まで安くすることを目指すことができます。

完全自家消費型はとてもメリットが大きく当社も推奨しているモデルですが、そのメリットとデメリットを整理すると次のようになります。

【完全自家消費型のメリット】

①電気料金の大幅削減、光熱費ゼロの可能性も

②送電ロスがほぼなく、発電した電力をほぼ全部有効利用できる
③導入費用の回収時期が売電よりも早い
④税金面での優遇が利用できる
⑤災害時の非常用電源として使える
⑥電気料金の値上げ、高騰による影響を受けない

【完全自家消費型のデメリット】
①夜間は発電できないため蓄電力の差が出る（お金次第になってしまう）
②夜間に自家消費量が多い家、事業所には不向き
③蓄電池の分だけ導入コストが増える

メリットとデメリットを比較すると、メリットのほうが圧倒的に多いことが分かります。デメリットについては、やはり夜間に発電ができない点が大きなネックになります。

家庭用であれば夜間は寝ていることが多いので蓄電力もそれほど多くは必要ないかもしれませんが、事業用などで導入する場合は、工場が夜間に稼働する事業所だと発電と消費の時間帯が一致しないため、自家消費型を導入するメリットが薄れてしまいます。

②余剰売電型

余剰売電型は、従来からある太陽光発電システムの形です。FIT の適用を前提としているため、FIT が終了すると経済性が一気に低くなってしまうという弱点があります。

自家消費が優先される点では同じですが、昼間の余った電力は蓄電ではなく売電に回されるため、夜間は100％電力会社からの送電に依存することになります。夜間はほとんど人がおらず事業活動をしていない事業所に適したタイプと言えるでしょう。

【余剰売電型のメリット】

①蓄電池が不要なので導入コストが安い

②売電価格が高い FIT が適用されている期間は収入が安定する

③電気料金について一定の削減効果は期待できる

【余剰売電型のデメリット】

① FIT には期限があるため、期間を終了すると収益性が急激に落ちる

②10kW 未満だと固定資産税の節税メリットがない

③あくまでも余剰売電なので自家消費量が多いと売電収入が期待できない

余剰売電型については、太陽光発電に従来からあるメリットがそのまま引き継がれています。あくまでもFITがメリットの大きな柱になっているので、FITという前提条件が崩れてしまうとメリットも希薄化します。

この特性を踏まえて、FIT期間はFITの恩恵を享受して、FIT期間が終了したら自家消費型に切り替えるという「良いところ取り」も一つの方法です。すでに余剰売電型の太陽光発電を導入している事業所の中には、FIT終了後に自家消費型に移行するケースも多くなっています。

自家消費型太陽光発電を導入するまでの流れ

先ほどFIT期間とFIT終了後の太陽光発電について、「良いところ取り」をするのが有効であると述べました。それも含めて、自家消費型太陽光発電を導入する方法を二つ解説します。

①自家消費を前提としたシステム導入

最初から自家消費を前提とした太陽光発電システムを構築、それを導入するパターンです。自家消費型太陽光発電に必要なのは、以下の設備です。

・太陽電池（太陽光パネル、太陽光モジュールとも言います）
・パワーコンディショナー（PCSとも言います）
・架台など取り付け器具
・蓄電池
・充放電コントローラー

三つ目までのシステム構成については、余剰売電型の太陽光発電と全く同じです。三つ目までのシステムを構成して電力会社の送電網と系統連系をすることで売電が可能になります。

自家消費を前提としたシステムですと、四つ目以降の設備が必要になります。蓄電池は文字通り太陽光パネルで自家発電された電力を貯めておくための設備で、充放電コントローラーは、充電と放電をコントロールするためのコンピュータです。

②既存の太陽光発電システムを自家消費型にする

すでに太陽光発電システムを導入している事業所で、FIT終了を控えている、もしくはすでに終了しているといった契機に自家消費型システムに変更することができます。具体的には以下の設備を用意して取り付けることになります。

・蓄電池

・蓄電池用パワーコンディショナー

蓄電池は先ほど解説した通りですが、「蓄電池用パワーコンディショナー」という初見の言葉が出てきました。これは何かと言いますと、既存の太陽光発電システムでは蓄電を前提としていないパワーコンディショナーが設置されているため、それを自家消費型に変更するためのものです。

既存の太陽光発電システムを自家消費型に変更するには、既存のパワーコンディショナーがどの程度年数を経過しているかによって対応が分かれます。

【既存のパワーコンディショナーがまだまだ使える場合】

おおむね太陽光発電システムのパワーコンディショナーは寿命が10年とされていますが、導入または交換してから数年しか経っていないというような場合は、既存のパワーコンディショナーをそのまま利用するのが望ましいでしょう。

もちろん蓄電池用のパワーコンディショナーが必要になるのでそれを導入しますが、それは蓄電池のための電流変換に特化したもので十分です。

・既存の太陽光発電システム
・既存のパワーコンディショナー

・（新規設置）蓄電池
・（新規設置）蓄電池用パワーコンディショナー

このようなシステム構成になります。

【既存のパワーコンディショナーが10年以上経過している場合】

既存のパワーコンディショナーがすでに設置から10年程度を経過しており、そろそろ交換時期だと思われる場合には、そのパワーコンディショナーを新しいものに交換することをおすすめします。

新規導入するのはハイブリッドタイプと呼ばれるパワーコンディショナーで、太陽光パネルからの電流を変換する機能と蓄電池のために電流を変換する機能を併せ持っており、1台設置するだけで2台分の機能を発揮してくれます。

・既存の太陽光発電システム
・（入れ替え）ハイブリッド型パワーコンディショナー
・（新規設置）蓄電池

このような構成にすることにより、既存の太陽光パネルをそのまま生かしながら自家消費型に変更することができます。

自家消費型太陽光発電の収益力を向上させる工夫

自家消費型太陽光発電を導入したら、どのような使い方をするのが最もオトクになるのでしょうか。

①発電量アップの工夫

自家消費型システムに限らず、太陽光発電の経済性を高めるには発電量を高めることが不可欠です。発電量を高めるには、いくつかの方法が考えられます。

・太陽光パネルの面積を増やす
・変換効率の高い太陽光パネル、パワーコンディショナーを使う
・太陽光パネルの設置角度を工夫する
・定期的なメンテナンスを怠らない

これらの工夫はいずれも想像の範囲内のものだと思いますが、太陽光発電の「成果」である発電量を増やすことは、売電型の太陽光発電を導入している場合でも売電量に直結するので極めて重要なことです。

限られたスペースに太陽光パネルを設置する場合は、どうしても設置面積に限度があります。そして変換効率について

もトップの東芝で20％少々といったところで、これについてもそこまで大差はありません。

また、変換効率が低いからといってコストパフォーマンスが悪いというわけではなく、そのまま価格も安いというように比例する関係にあるため、変換効率が高い太陽光パネルはその分単価も高くなると考えたほうがいいと思います。

ここで注目したいのは、四つ目にある定期的なメンテナンスです。太陽光パネルの発電力を削いでしまう要因はいくつかありますが、主に以下の点に注意してください。

・太陽光パネルの発熱
・太陽光パネル表面の汚れ
・障害物
・パワーコンディショナーの故障

太陽光パネルの表面が汚れていると、汚れているところには日光が当たらないため、その分発電量が低下します。それと同様に、障害物があって日光が当たる部分が少なくなってしまうと、それも発電量低下の原因になります。

太陽光パネルを設置した時には問題ないと思っていたのに、木が成長して日光を遮ってしまうというのはとてもよくあることなので、太陽光パネルを設置したら未来永劫そのままでＯＫというわけではないことを念頭に置いておいてください。

特に自己託送を適用していて遠隔地に太陽光発電所がある場合は目が届きにくいため、知らない間に発電所が森林のようになってしまっていた、ということも実際にあります。

もう一つ、発熱についても見逃せないポイントがあります。太陽光パネルの原料に使われている半導体は熱に弱い性質を持っているため、発熱すると性能がダウンします。

各メーカーともに太陽光パネルの表面温度は25度が最適であるとしており、これよりも温度が高くなると一度ごとに0.45％程度の発電力低下が起きることが分かっています。気温ではなく表面温度なので、夏場など直射日光が当たり続ける太陽光パネルの表面温度が高くなると、発電量の低下につながってしまいます。

太陽光パネルは日光が当たってナンボなので日光を遮るというのは有効な対策ではありません。設備によっては一定時間ごとに水をまいて表面を冷却するようなものも見られますが、放水設備を整備するコストも決して安いものではなく、大規模な発電所だと現実的ではないでしょう。

日照量が多い一方で気温が高くなり過ぎない地域が最も太陽光発電に適していると言われるのも発熱との関係があるためで、静岡をはじめとする太平洋側の日照量が多い地域が有利になるというのは今も変わっていません。

②太陽光パネルの設置角度でどこまで発電量をアップできるか

太陽光パネルに日光が効率良く当たるようにするために、太陽光パネルの設置角度も重要な意味を持ちます。野立てで太陽光パネルを設置する場合は、角度をどうするかが設計時に重要視されます。というのも、太陽光パネルにいかに日光を効率良く当てるかが発電量に直結するためです。

太陽光パネルを設置する標準的な角度は、30度です。太陽光パネルに対して直角に日光が当たるのが最も効率が良くなるわけですが、その角度が日本全国のどこでも同じというわけではなく、もっと厳密に言えば季節や時間帯によっても最適な角度は変化します。

当社では提案やシミュレーションの段階で、この設置角度についても入念に精査しています。設置する場所の特性を熟知していることはもちろん、1年を通じて最も良い角度という最大公約数を知る必要があるからです。

あえて一方向にすべての太陽光パネルを向けないという方法論もあります。時間帯によって最適な角度が変わるのであれば、あえてさまざまな角度に向いている太陽光パネルを設置することで時間帯によるムラをなくし、できるだけ発電量が均等になるように工夫することができます。

◎「南向き」という基本線以外の有効策も

太陽光発電システムの設置において理想的なのは、南向きであることです。太陽は朝に東から上り、夕方になると西へ沈んでいきます。そして正午になると真南に位置するように、毎日の運動を繰り返しています。

季節によって太陽がどの角度まで上るかは変動しますが、これは地球の地軸が直角ではなく23.4度ずれているからです。これによって日本には四季があるわけですが、この四季が太陽光発電には大きな影響を与えます。

太陽光パネルの設置角度を南向きにするべきなのは、太陽光パネルに日光が当たる時間が最も長くなるからです。このように「南向き」であることは基本線ですが、状況や場所によっては必ずしもそうではないこともあります。

◎電力需要のピークに合わせて太陽光パネルの設置角度を工夫

先ほども述べたように、太陽が真南に来るのは正午です。これを南中時刻というのは、学校で習ったことがおありだと思います。

この南中時刻に日光が最も降り注ぐため、太陽光パネルは南向きに取り付けるべきであるとされているのですが、これは太陽の都合だけを考慮した設置戦略です。

一般的な事業所（オフィス、工場など）は昼間に稼働することが多いので、その時間帯に最も電力需要が高くなります。
その時間帯に発電量がピークになるように太陽光パネルを設置して、自家消費量を多くすることが戦略上有効です。
蓄電池があれば電力需要のピークに合わせる必要はないのではないかと思われるかもしれませんが、やはり電力は貯める前にそのまま自家消費してしまうのが最もロスが少なく経済性が高くなるので、可能な限り「作ってすぐに使う」ことをイメージしてください。

●日本海側は低角度、太平洋側は高角度

かなり大雑把な表現になりますが、太陽光パネルを設置する際の角度は日本海側が低角度、太平洋側が高角度であることが望ましいという傾向があります。
これはなぜかと言いますと、太陽光パネルの設置角度は「春分の日、秋分の日に発電量が最大になる」ことを目指して設定されるからです。これだけだと分かりづらいと思いますので、さらに詳しく解説しましょう。
ご存じの通り、春分の日と秋分の日は昼と夜の長さが同じになる日です。その日を境に春分の日であれば季節は夏に向かい、秋分の日であれば冬に向かいます。夏と冬という季節はそれぞれ年に一度ずつしかありませんが、春と秋という太陽の角度がほぼ同じになる季節は年に二度やってきます。
つまり、一度しかない季節に合わせるよりも、年に二度あ

る季節に合わせたほうが年間を通じて発電量が多くなるのです。そのため、太陽光パネルは設置される地域で春分の日と秋分の日に最も発電量が多くなる角度に設定されるというわけです。

それを踏まえて、日本海側が低角度であるというのは、春分の日と秋分の日それぞれの日光を最も受けられる角度だからです。

太平洋側のほうが日照量が多いので意外に思われるかもしれませんが、太平洋側は夏場になると梅雨や長雨、さらには台風などの日が多く、あまり太陽が真上近くに来るような季節の日照量が多くないという傾向が見られます。

そのため春分の日と秋分の日に最も日光が当たるという視点に立つと、高角度であるほうが確実に日光を当てることができるわけです。

◘豪雪地帯では高角度設置が基本

しかし、日本海側には特殊な事情があります。それは、降雪です。日本海側には豪雪地帯と呼ばれるような地域が多く含まれているため、こうした地域では低角度の太陽光パネルは不向きです。

その最大の理由は、雪が積もってしまうからです。高角度で設置していると雪が積もりにくく、仮に積もったとしても太陽が出ている時間帯はパネル上の熱で溶けると流れ落ちやすいため、発電量の低下を最小限に食い止める効果が期待できます。

ただし、この場合は一つ注意点があります。野立てで太陽光パネルを設置している場合は流れ落ちた雪が地面にたまり、それがやがて積もって太陽光パネルへの日照を遮ってしまうという現象が考えられるからです。

この対策として有効なのが、太陽光パネルを地面に接する高さで設置するのではなく、架台に乗せて高い位置に設置する方法です。

その地域の積雪目安を考慮に入れて架台を選定、その上に太陽光パネルを設置するようにすれば、パネル表面から流れ落ちた雪が地面にたまっても太陽光パネルまで到達することがないため、発電量低下を防ぐことができます。

農業との併用で太陽光パネルを設置する場合は太陽光パネルの設置場所が高くなりますが、これは降雪対策としても有効です。

発電設備の設置場所を選定

太陽光発電所を設置する場所の選定は、極めて重要なプロセスです。その理由はすでに解説してきたことで十分ご理解いただけると思います。

十分な日照量があること、土地の取得コストが安いこと、安全に発電所を設置できる場所であることなど、考慮する項目は多岐にわたります。自己託送を利用できるようになったことで、自社の敷地内や建物の屋根などにこだわる必要がなくなり、PPAモデルを活用することで用地の取得すらしなくてもいい選択肢も生まれました。そのため、より広い視野で発電設備の設置場所を考えることができます。

近年では山の斜面に設置されている風景を見ることが多くなりましたが、この場合も適切な土地であるかどうかを精査する必要があります。単に土地が安いからという理由だけで山間部に太陽光発電所を設置したことにより、土砂の流出や反射光などによってトラブルになってしまう事例が増えています。

環境投資の一環で太陽光発電事業に取り組んでいるのに、近隣への公害や災害の原因を作ってしまうとイメージダウンによるダメージが計り知れません。

まだあまり問題になっていませんが、今後人家が近い場所で太陽光発電所を設置する場合、子供が中に入ってしまって重大な事故につながってしまうリスクが懸念されています。

こうした事態は人命にも関わるため、特に入念な精査が必要であると考えます。こうした点も含めて、新規に発電所を設置する場合はその土地の条件をさまざまな角度から精査します。

事業計画

産業用太陽光発電は「事業」なので、事業計画が必要です。自家消費型は売電を前提としていないので関係ないと思われるかもしれませんが、電力を自給自足する最適な形を構築することが太陽光発電のメリットを最大化します。

事業計画で重要なのは、自社の電力需要の特性を正確に把握することです。どの時間帯にどれくらいの電力需要があるのか、その電力需要にどこまで応える発電設備にするのか、といった具合です。

売電を前提にするのであれば発電力が多すぎたとしても売電収入を増やすことにつながるので特に問題はありませんが、自家消費型の場合は自家消費しない分まで発電をしても意味がありません。いかに自社の電力需要にしっかり寄り添う発電計画であるかが重要です。

通常の太陽光発電計画では日照量によって発電量のシミュレーションを行うことからスタートするので、この発電量に対して自社の電力需要がどれだけあるのか、その時間帯が一致していれば蓄電設備の必要性はあまり高くありません。

しかし、発電ピークの時間帯と需要ピークの時間帯がずれている場合は、蓄電設備によってそのずれを調整することも考えなくてはなりません。

当社としてもこの段階でのシミュレーションや計画の重要性を強く認識しており、結果の出る事業計画をご提案しています。

資金計画

発電所を設置する場所の精査が完了し、適切であると判断できた次には新規事業を立ち上げるための資金計画です。「先立つもの」がなければ太陽光発電事業も絵に描いた餅になってしまうので、金融機関からの資金調達も含めて資金計画を立てます。

近年では自己資金を必要としないPPAモデルが注目を集めており、自社で初期コストをかけることなく太陽光発電事業に参入することが可能になっています。

このPPAモデルはとても優れたスキームなので資金の調達が難しい場合は有効な選択肢と言えますが、やはり事業である以上は自己資金や自社で調達した資金で行うほうが自由度が高くなるので、自社で資金の手当てができるのであればそのほうが理想的です。この事情を踏まえて、当社では最適な資金計画のサポートをしています。

行政への手続き

太陽光発電事業を始めるためには、行政への手続きが必要になる場合があります。FITを前提とした太陽光発電の場合はFITを適用するための手続きが必要になりますが、自家消費型の場合、その手続きは不要です。その点では特に手続きの必要がないのですが、その一方で土地利用に関する手続きを要することがあります。

特に山間部や農村部など遠隔地に太陽光発電所を設置し、自己託送などに利用する場合は以下のようなケースに該当する可能性があります。

①農地を転用する場合

本書でもご紹介している太陽光発電と農業の連携を目指す場合、農地の上に太陽光発電設備を設置することになります。農地は文字通り農業のための土地であり、農業以外に使用することはできません。このことは農地法に厳格に定められており、農地で農業以外のことをするためには農地転用の手続きが必要になります。

太陽光発電の架台を取り付けるために農地の一部を使用するでしょうし、パワーコンディショナーなどの電気設備を設置する場所も農地内で農業以外の利用をすることになります。こうした部分が農地のままだと太陽光発電の設備を置くことができないため、農地転用の手続きをします。

ただし、国は農地を過度に減らさないために農地からの転用には厳しい運用をしています。太陽光発電など環境保護に資する成長産業であれば許可を取りやすい一面はありますが、農業振興地域など農業としての土地利用が強く推奨されているような地域だと難しいケースもあります。

こうしたケースも含めて、農地転用の手続きには専門知識とノウハウが求められます。

②山林を開発する場合

山間部にある太陽光発電所では、山の一部を造成して太陽光パネルを設置している風景を見ることができます。

そこはもともと山であり、森林だった場所であることは周辺の環境からも想像がつきますが、こうした場所を開発して太陽光発電所にする場合にも各種手続きが必要です。森林での開発行為については森林法の適用を受けるため、該当する都道府県知事の許可が必要です。

また、山林での開発をするためにはそこにある森林を伐採することになりますが、これについても手続きが必要で、市町村に伐採届を出すのが一般的な形です。

このように山間部で太陽光発電所を開発する場合には山林における開発行為、森林の伐採などに関する行政手続きが必要になります。

③その他の各種申請

農地や山林での太陽光発電開発以外にも、都市計画法による規制を受ける場合や、宅地造成に関する許可が必要な場合があります。それぞれ都市計画法開発許可申請や宅地造成工事許可申請などの手続きが必要になることがあります。

用地造成、発電設備の設置工事

用地の取得や各種申請、手続きを完了したらいよいよ太陽光発電所の具体的な設置工事となります。新規に造成が必要な土地である場合は用地の造成工事を行い、そこに太陽光パネルや電気設備を設置します。

ここで言う「設置工事」には、主に三つのフローが含まれています。一つ目は太陽光パネルと架台、アレイ、パワーコンディショナー、電源ケーブルなど材料の手配です。造成が必要な場合は整地や基礎工事といった施工の手配も行います。

二つ目には基礎工事と架台工事です。架台は太陽光パネルを固定するための重要部品であり、その下にある地面での基礎工事は架台を固定するための、文字通り基礎部分です。これらの工事が適切に行われていないと太陽光パネルをしっかりと固定できないため、長期的な発電所の価値を維持するためにも極めて重要な工事です。

そして三つ目のフローとして、架台に太陽光パネルを設置し、それらを電源ケーブルで接続する仕上げの作業になります。これらのフローを経て、太陽光発電所が完成します。

発電、電力使用開始

すべての機器設置が完了したら試運転を行います。試運転で問題がなければ、引き渡しとなります。外見上は発電が行われていて事故がなければ問題がないように見えますが、事前のシミュレーションに沿った発電量になっているかも重要なので、そういった細かい点も含めて入念に動作チェックが行われます。

アフターフォロー、メンテナンス

太陽光発電はメンテナンスフリーだと言われてきた部分があります。しかし、それは事実ではありません。

定期的なメンテナンスや発電量のチェックが必要ですし、何か問題が起きた時には迅速に対応しなければなりません。施工会社の責任による不具合については施工会社の責任において解決することになりますが、特に問題がなくても太陽光発電所を維持していくには適切なメンテナンスが必要です。

太陽光発電のO&Mサービスという言葉をご存じでしょうか。先ほども述べたように、太陽光発電の普及が始まった当初は、「太陽光発電はメンテナンスフリー」という宣伝文句があちこちで見られました。

もちろんパワーコンディショナーなど機器の寿命は避けられませんが、太陽光パネルはいったん取り付けると未来永劫にわたって発電を続けるという印象を持たれた方は多かったと思います。

当社は当初から太陽光発電のアフターメンテナンスについて重要性を提唱してきましたが、ここに来てそれがO&Mサービスという形で注目されるようになってきています。

当社のO&Mサービスについての詳細は後述しますが、このO&Mとは「Operation」と「Maintenance」から生まれた言葉です。日本語で平たく言うと「太陽光発電システムが安定した発電を続けるために必要な維持活動」といった意味合いになります。

太陽光パネルの表面が汚れていたり、近隣に木が伸びてきて日光を遮ったり、さらには木からの落ち葉が付着したりといった状況になると発電力は顕著に低下します。

O&Mサービスはその太陽光発電システムの正常な発電力を把握した上で、それが維持されているかを監視します。そして維持されていない場合は原因を究明し、その問題を解消します。

自社敷地内や自社の建物、その周辺に設置するシステムであれば異常を検知しやすいかもしれませんが、自己託送を適用している場合など遠隔地に太陽光発電所をお持ちの場合は逐一監視することが難しくなります。

O&M サービスは特にそういったニーズに応える形で登場したサービスで、太陽光発電を長期的に利用するためには欠かせない発電力の維持に重要な役割を果たしています。

第6章

当社からの提言

当社は太陽光発電の発展とともに歩んでいます

最終章である第６章では、本書で解説した内容を踏まえて、私たちの会社についてのご紹介をしたいと思います。

当社の創業は1993年（平成５年）で、本書の執筆時点で創業27年を迎えます。いわゆる老舗企業から見るとまだまだ若い企業ですが、太陽光発電が実用化され、普及が進み、環境ビジネスの主役となり、そして現在の姿になるまでのさまざまな変遷とともに歩んできた企業として「太陽光発電の老舗」であると自負しております。

本書では主に事業者向けの太陽光発電について最新事情を交えながら知っていただきたいこと、お伝えしたいことをまとめていますが、そこにはすべて家庭用太陽光発電の普及に向けて最前線で向き合ってきたことの積み重ねがあります。

もちろん同じ太陽光発電であっても家庭用と事業用とではノウハウが異なりますし、最終的に求めるものも全く同じというわけではありません。しかし、太陽光発電の構造やノウハウに精通し、そこから得られた知見は事業用分野においてもいかんなく発揮されていることを実感しています。

次の太陽光発電がどこへ向かうのか？　そんな未来も含めて、これまでも、そしてこれからも太陽光発電とともに歩んでいくのが私たちのスタンスです。

当社の基本的な考え

当社の主力事業は、太陽光発電やオール電化といった住宅設備および環境ビジネスです。

住宅設備に関する各種商品の取り扱いから施工を行ってきた結果、現在では事業用の太陽光発電も主力事業にラインナップに加える形でPPAモデル、自己託送などを活用した新しいモデルの推進、さらには農業との連携による太陽光発電の新しい可能性も模索、実践しています。

事業のラインナップが新たに加わっても、基本的なコンセプトは環境保護への貢献と同時に、太陽光発電がもたらす経済的メリットの提案です。

環境保護のために不自由な生活を余儀なくされるようではいくら優れた技術であってもそれが持続することはないでしょうし、それが両立できているからといって手が届かないような高価なものであれば、やはり不人気になってしまうでしょう。

当社は太陽光発電の普及黎明期から環境ビジネスに深く関わってきましたが、その中で多くの問題を目の当たりにしてきました。その問題とは何か、私たちはその問題に対してどんなソリューションをご提供できるのかが求められる時代となっています。

それらすべてのソリューションにおいて、当社の基本的な考えは同じです。事業を通じて地球環境の保護に貢献したい、そしてすべての事業者の皆さんに太陽光発電のメリットを実感していただきたい、電力コストの削減によって持続性の高いビジネスモデルの構築という両輪を機能させていきたいという思いです。

黎明期に見られた太陽光発電の光と影

先ほども申し上げたように、当社の創業は1993年（平成5年）です。当時は「和上住電」という社名でしたが、事業の多角化などを踏まえて持ち株会社に移行し、社名もそれに伴って「和上ホールディングス」に変更した経緯があります。

創業当時、太陽光発電はすでに実用化はされていたものの、まだまだ発展途上という状態でした。当社としてもまだまだ太陽光発電に本格的に取り組むという段階にはなっておらず、どちらかというと「住宅設備の会社」というイメージが強かったのが実情でした。

しかし、時代は確実に太陽光発電の歴史を次に動かそうという機運に満ちていました。国は1994年に「新エネルギー大綱」を取りまとめ、オイルショックなどの反省も込めて日本のエネルギー戦略において太陽光発電を積極的に取り入れていくという方針が打ち出されたのです。

私たちが持っていた当初の目標は個人のお客様にとっての快適や安全の追求でしたが、それに地球環境保護や経済的メリットという要素が加わり、本格的に太陽光発電システムの事業に取り組むようになりました。

普及当初の太陽光発電では、補助金とFITが大きな役割を果たしていました。国による補助金は導入時のメリットとして、FITは導入後のメリットとしてお客様にも訴求しやすく、「それなら導入してみよう」と多くの方に思っていただける状況でした。

これはストーリーと直接の関係はありませんが、今でこそFITと呼ばれているこの制度も当時は「固定価格買取制度」という名称のほうが一般的でした。

補助金とFITという特大級の追い風があったこともあって、太陽光発電システム販売・施工業に参入する業者も急増し、そこで新たな問題が生じました。それは、業者の乱立によるサービス品質の低下や悪徳商法の跋扈です。

太陽光発電普及の道のりは、諸問題との戦いだった

今でこそほとんど聞かれなくなりましたが、主に個人のお客様向けに普及が進んでいた頃の太陽光発電は「地球に優しい」「お財布に優しい」というキャッチコピーが並び、その

美辞麗句におびき寄せられるように悪質な業者が少なからず存在していました。

発電量のシミュレーションを過大提案することで売電収入を多く見積もったり、施工時に手抜き工事をしたり、そもそも施工技術が未熟であったりといった具合です。しかもこうした悪質な業者は最初から顧客と長く付き合っていく気が毛頭なく、お金を受け取って工事が完了したらそれっきりということもしばしばでした。

不具合が起きたり、アフターサービスを求めて連絡を取ってみたものの、すでに業者は倒産もしくは所在不明になっていた……ということも珍しくなかったのです。

今ではネットによる情報共有が進んでいるので、こうした業者は生き残りが難しくなり、淘汰が進みました。正確な集計がないので何とも言えませんが、当社の実感としては施工業者の数は数十分の一程度に減ったのではないかと思います。

当社は住宅設備の会社としてすでに多くの施工事例を有していたため、施工品質については一定のアドバンテージがありました。また、いわゆる職人魂もあって「自分の家だと思って施工する」というポリシーを持っていたことも、お客様からの信頼獲得に役立ちました。

おかげさまで、施工実績数はすでに１万棟を超えました。当社の強みは、お問い合わせをいただいてからご提案の段階での正確性や満足度の高さ、施工品質、そしてアフターサービスという一連の工程すべてにわたります。

そして何と言っても大規模買い付けによる低価格販売も、多くのお客様から高い評価をいただいてきました。そうでなければ1万棟以上もの実績を積み重ねることは不可能でしょうし、今もなお続くお客様との信頼関係はなかったことでしょう。

技術とノウハウを守り続ける必要性を強く再認識した災害

現在は事業用分野での太陽光発電普及に尽力している当社ですが、これまで個人のお客様向けに取り組んできたポリシーや経験則は、事業用分野でも大いに役立っていると実感しています。

先ほど少し触れた手抜き工事の問題一つにしても、大規模な太陽光発電所で手抜き工事をしてしまうと、それによる影響は重大な事態を招きます。

記憶に新しいのが、2015年の豪雨被害による茨城県常総市での鬼怒川堤防決壊です。記録的な豪雨だったので堤防が決壊したのはやむを得ないと考える向きもありましたが、そこにあった太陽光発電所が一因であったことが注目され、それまでポジティブ一辺倒だった太陽光発電へのイメージに大きく傷がつく一件となりました。

この時に指摘されたのが、自然の堤防として機能していた丘に建設された太陽光発電所の危険性でした。

自然の堤防があったため、この地区には人工の堤防がありませんでした。しかし、この丘に太陽光発電所が建設され、自然の堤防であった丘の一部が削られてそこに太陽光パネルが設置されました。このために丘の上部が削られて低くなり、決壊ではなく「越水」と言って水位がそれを上回ったために浸水する被害に及んだのです。

災害に対する十分なノウハウがなかったことが問題視されましたが、おそらくこうした危険な発電所は全国各地にあることでしょう。自然との調和や持続可能な社会を実現するために太陽光発電所を作ったのに、それが災害を引き起こしてしまうのですから皮肉な話です。

こうした人災に近いような災害の報道に接するたびに、技術とノウハウをしっかりと守り続け、それを実直なまでに反映していくことの重要性を再認識させられます。

これは地道なことで決して派手さはありませんが、お客様に満足していただき、地球環境保護や経済性、そして災害リスクへの対応など、すべてのメリットを実現させることは当社の重要な使命です。

当社の強み

サービスや施工の品質や価格優位性など、企業としての強みを武器に太陽光発電やオール電化といった機器類の販売と施工で成長を続けてくることができた当社ですが、これだけでは現在のような成長モデルを実現することはできなかったでしょう。

こうした強みに加えて、私たちは時流にうまく乗ることができたという実感があります。太陽光発電の普及が進み始めた時期は、環境意識の高まりとともに社会で大きな変化が起きていました。それは、ネットの普及と発展です。

当社は現在も数多くのサイトを運営し、それぞれのサイトが機能することで情報の発信とお客様へのご提案を効率良く行っています。このようにネットを味方につけ、活用することができたのは会社としての成長に大きく寄与していると感じています。

お客様にとってのメリットは、ネットの活用によるコストダウンで低価格が実現することと、正確かつ迅速な情報のやり取りが可能であることです。とは言え、すでにECと言ってネットを活用した物品販売やサービス提供といったビジネスモデルは多く存在し、成功している企業もありました。

そんな中で、当社がオンリーワンとなることができたのは、「施工が必要な商品のネット販売」という分野で高い知名度と情報発信力を獲得できたことにあるでしょう。

今でこそ珍しくないビジネスモデルですが、当時はそこまでネット展開をしている競合が少なく、まさにブルーオーシャンでした。ブルーオーシャンとは競合が少なく強みを発揮しやすい状況のことで、ナンバーワンよりもオンリーワンを目指しやすい理想的な市場です。

なお、その反対語で競合が多く差別化が難しくなっている市場のことをレッドオーシャンと言います。

こうして時流にうまく乗れたことが今日の成長に深く関わっており、スケールメリットによる低価格と高品質サービスという強みをより確かなものにしてくれました。

事業規模の大きさや事故が起きた時の影響の大きさを考えると、事業用太陽光発電は、さまざまな意味で「失敗できない事業」です。それだけに家庭用の分野で多くのノウハウを蓄積し、自社の強みに磨きをかけてくることができたのが強みとなり、現在それが大いに発揮されています。

自家消費型太陽光発電を成功に導く各種サービス

当社では太陽光発電やオール電化など、省エネ関連の住宅設備や産業用設備など豊富なラインナップを取り揃えています。これらのサービスはいずれも自家消費型太陽光発電を成功に導くために重要なものばかりなので、一つずつご紹介したいと思います。

①最適な設備設計の提案

太陽光発電は余剰売電型であっても自家消費型であっても、太陽光パネルの機種選定や設置方法、設置角度、そしてお客様にとってとても重要な予算の問題など、さまざまな点を考慮した上で最適な設備設計をする必要があります。

また、太陽光発電は「どれだけ発電ができるか」というのがとても重要になるため、お客様が計画されている場所に太陽光パネルを設置したらどれだけの発電量を見込むことができるのかというシミュレーションを行います。提案の内容が最適であることと同時に、このシミュレーションが正確であることは同じく重要なのです。

しかもこれからは、自家消費を前提にした太陽光発電が主流になることが確実です。自家消費型太陽光発電で得られる補助金や即時償却といった各種メリットもしっかりと獲得していただくためのご提案など、自家消費型太陽光発電には特有の知識とノウハウが求められます。

これまでの余剰売電型が主流だった時代の提案と同じでいいわけはなく、これからの時代にふさわしい設備設計とご提案で、それぞれのお客様に対してフルオーダーメイドの太陽光発電システムをご提案、ご提供しています。

②最低価格保証

どんなに優れた技術や商品であっても、それが手の届かないような価格だと、それを手に入れることができる人は限られてしまいます。

「普及」というのは、ごく一部の人たちだけに行き渡るという意味ではありません。それだと地球環境保護や再生可能エネルギーの成長、進化という大きな目標に近づくこともできないので、「普及」とは呼べないでしょう。その先にある自家消費型太陽光発電が可能にする新しい社会の実現も縁遠いものになってしまいます。

そこで、私たちは創業以来、低価格であることに強いこだわりを持っています。

よく家電量販店などで「他店対抗価格」「最低価格保証」という宣伝文句を見かけますが、当社は太陽光発電システムやオール電化、蓄電池といった設備機器でそれと同じサービスを展開しています。

最低価格保証をすることで、「良いことは分かっているけれど手が届かない」という方々にも手が届く未来を実現し、より多くの方々に当社が提唱する未来をお伝えしたいと考えています。また、「他店ではもっと安いのでは？」と思いながら商品を購入するというのは、信頼関係を構築する上で望ましいとは思えません。

他店様との比較検討、大歓迎です。しっかりと比較をしていただいた上で、当社を選んでいただければ、この上ない光栄です。

③充実の施工実績とお客様満足の積み重ね

おかげさまで、当社は、前身である和上住電時代も含めると、すでに１万棟以上の施工実績を積み重ねてくることができました。私たちの企業規模でこれだけの実績を持つ業者はほぼないと思いますので、それだけ多くのお客様に支持していただいたことに、深く感謝しております。

太陽光発電をはじめとする設備機器の提案や販売、施工という事業はどの工程においても、高い業務知識と経験、ノウハウがモノを言います。特に事業用の分野では収益性や電力コストの削減といったビジネス感覚も求められるため、より高いレベルでの知識や提案力が求められます。

当然ながら１件として全く同じ案件はありませんので、１万棟の施工実績はそのまま「１万棟分の成長」を意味します。豊富な業務経験の積み重ねによって類似案件であれば後になって問題になりそうなことについても熟知しているため、お客様からは「そこまで考えが行き届いているのはさすが」というお褒めの言葉をいただいたこともあります。

これからも、私たちはこの実績をさらに積み重ね、２万棟、３万棟と目指していきます。そしてもちろん、実績数と同じだけのお客様満足を積み重ねていくことをお約束いたします。

④アフターサービス

太陽光発電システムは、設置したらそれで終わりという商品ではありません。

設置をしてからシミュレーション通り、期待通りの結果を出しているかどうか、さらには災害時や停電時など、自家消費型太陽光発電の真価が問われるような事態になった時に期待に応えてくれるか。設置後のさまざまな場面において太陽光発電がお客様の期待に応えているかはとても重要なので、そのために必要なアフターサービスをご提供しています。

●24時間緊急受付窓口

お使いいただいている設備に万が一、何らかの不具合や問題が発生した時のための24時間緊急受付窓口を設置しています。もちろんこれは全国各地にネットワークを配しており、全国約1600社の施工拠点が対応いたします。

万が一の事態が平日の昼間という都合の良い時に起きるとは限らず、休日や夜間などであってもサービスの品質を損ねることなく、設置後の安心をご提供いたします。

◘2年に一度の点検メンテナンス（10年間）

設置から10年間は、２年に一度の周期で点検メンテナンスをいたします。お客様が問題を感じていないことであっても、プロの目で診断をして問題はないかとしっかりとチェックします。もちろん点検は無料です。

さらに、発電状況の健全性確認や発電施設に何か異常が見られないかといったことなども入念にチェックします。また、太陽光パネルの表面に汚れが付着している場合など、必要に応じて清掃、洗浄を行います。

◘工事20年の保証

太陽光発電システムは耐久性に優れているため、よほどのことがない限り大きなダメージを受けたり急に故障したりといったことが起きにくい機器です。しかし、人間の作ったものに「絶対」はありません。

そこで、当社は工事完了、お引渡しから20年間という業界最長の長期保証システムを設けています。特段の理由がないのに機器類が不具合を起こしたり故障したという場合は、無料で修理または交換をいたします。

業界には長期保証を謳って施工販売をしていた業者も多数あったのですが、その中には会社そのものがなくなってしまっているというケースも少なくありません。私たちはこれからも、安定した経営環境で保証を実践できる態勢をお約束いたします。当社はすでに創業から27年が経過しており、「20年保証」が満了したお客様もおられます。

もちろん保証期間が満了しても何か問題が起きた場合、ご要望がある場合は誠意をもって対応しております。

⑤O&Mサービス

すでに本書で解説したO&Mサービスについて、当社でも充実のサービスを展開しています。

O&Mサービスとは「Operation & Maintenance」の略で、例えば自己託送を適用して遠隔地に太陽光発電所があるといった場合に、安定稼働しているかを監視し、定期的なメンテナンスをすることによって発電能力（つまり収益力）を維持するためのサービスです。

自社で多数の太陽光発電所を運営している当社だからこそ、低コストかつ高品質のサービスが可能です。

⑥自社でも多数の太陽光発電所を運営中

当社は、自社およびグループ会社によって多数の太陽光発電所を保有、運営しています。発電所は栃木県や茨城県、福島県、神奈川県、静岡県、宮崎県といったように、当社の本社がある大阪から遠いところも含む全国各地に点在しています。

このように遠隔地も含む太陽光発電所の建設と運営はノウハウの蓄積につながっており、今後さらに活発化する環境ビジネスの世界において優位性を訴求できるものです。

当社が考える理想の社会

自家消費型の太陽光発電は、太陽光発電だけでなく電力供給のあり方として最終的なゴールに近いものだと思います。

これまでは災害時のリスク管理などにおける能力が「晴れている昼間だけ」など物足りなさがあったのですが、それを蓄電池やスマートグリッドが解決してくれます。

スマートグリッドとは、従来の電力会社から一方通行だった電力供給に代わる仕組みのことで、電力消費側に太陽光発電など発電能力が備わることによって電力の双方向性が生まれることを言います。このスマートグリッドを実現するための重要なツールが自家消費型太陽光発電であり、当社はこのスマートグリッドは人類だけでなく地球全体の未来に大きく貢献すると考えています。

自家消費型太陽光発電を手にすることで、人類は新しい価値を手に入れると言っても決して大げさな話ではありません。

想像してみてください。地球環境にほとんど負荷をかけず、しかも尽きることのないエネルギーが社会を動かしている豊かな未来。そしてスマートグリッドや自家消費がすべての家やビルなどに普及して、災害時にも全く停電しないという安心の未来です。これが実現すれば、先ほどの「人類が新しい価値を手に入れる」という表現が決して大げさではないことがお分かりいただけると思います。

まことに僭越ではありますが、当社はこのような未来が来ることを本気で目指しており、そのために必要なことを一つずつ事業化してきました。未来を夢見るだけでなく、現実になるように具体的なアクションを起こしたいからです。

自家消費型太陽光発電の普及は、そのための重要なプロセスです。本書を手に取った方々の一人でも多くの方にご賛同をいただき、そのような未来を一緒に実現できればと思っております。

理想の社会を創り出すために

地球環境保護に取り組む当社は、業界だけでなく社会全体から見てもトップランナーでなければなりません。本書ではさまざまな環境への取り組みをご紹介、解説してきましたが、ESG投資やSDGs、SBT、RE100といった各種イニシアティブに賛同しており、自社としても取り組んでいます。

もちろんこれらは地球環境保護に資するというのが最大の理由ですが、環境ビジネスのトップランナーとして投資家の方々に安心してもらえる企業価値を創出しなければなりません。具体的な時期はまだ未確定ですが、当社はさらにステップアップしていくことを目指して、株式の上場を視野に入れています。その未来に備えて「環境性能」と「環境価値」の高い企業を目指してまいります。

簡単ではないからこそ、成し遂げたい

先にも述べたように、太陽光発電そのものの歴史は決して平坦なものではなく、間違った認識や悪徳業者の跋扈など、これまで幾度となく不遇な時期を経験しています。私たちのこれまでの道のりも、決して良い時ばかりではありませんでした。

これまでに人類は、何度もパラダイムシフトを経験してきました。

それまで宗教的な価値観に支配されていて天動説が主流であった世界において、初めて地動説を唱えることも相当な勇気を要することだったはずです。実際にそれを行ったガリレオ・ガリレイは宗教裁判にかけられて、「天動説を認めなければ死刑」と脅され、しぶしぶ応じたものの、「それでも地球は回っている」とつぶやいた有名なエピソードがあります。

これまでにない産業、新しい価値を創造しようとする事業に高いハードルは付き物なので、これも今までの成長に必要

な試練だったのではないかと思います。

余談ですが、先ほどのガリレオ・ガリレイの宗教裁判は当然ながら事実誤認に基づく判決なので、その後科学の進歩によってこの宗教裁判が否定され、400年前の判決が1992年に覆されて名誉を回復しました。地動説へのパラダイムシフトが完成するのに400年もかかっていることを考えると、太陽光発電によるエネルギー革命にこれだけの時間がかかってきたことも当然かもしれません。

売電を前提として普及が進んだ産業用太陽光発電が今買取価格の引き下げや、今後控えているFITの順次終了によって主流ではなくなりつつあります。

これまで太陽光発電の普及、発展を支え続けてきた根幹をなす制度が事実上終わり、それに代わる自家消費という新しい概念が登場したことは、私たち太陽光発電業界や環境ビジネス、エネルギー産業界などにとっては大きなパラダイムシフトです。

当社は、余剰売電型が主流であった頃から災害時のリスクヘッジや電力使用のピークカットなどのメリットがあることから、蓄電池を併用した自家消費型へのシフトを提唱していましたが、ようやく時代がそれに追いついてきました。

これからもトップランナーとして難しい壁にぶつかることがあるかもしれませんが、簡単ではないからこそ成し遂げたい未来への思いとビジョンが私たちにはあります。その実現に向けて、これからも私たちは歩みを止めません。

当社グループの各事業をご紹介

太陽光発電システムやオール電化といった設備機器の販売および施工を主力事業とする当社ですが、ここでグループ各社を含む各事業をご紹介したいと思います。

◎太陽光発電システム販売および施工「とくとくショップ」

太陽光発電システムやオール電化住宅などに必要な機器類の販売および、設置工事を行う総合ショップです。ネット展開と大量一括仕入れによるコストダウンを実現、最低価格保証を強みとして多くのお客様からご支持をいただいています。

公式サイト「とくとくショップ」
https://wajo-holdings.jp/solar/

◎土地付き太陽光発電所の売買マッチング「とくとくファーム」

土地付きの中古太陽光発電所はセカンダリー市場において売買されているという状況について本書ですでに解説しましたが、当社自らがセカンダリー市場を立ち上げ、ネット上で発電所売買の情報提供とマッチングを行っています。

公式サイト「とくとくファーム」
https://wajo-holdings.jp/farm/

◘電気は蓄えて使う時代「蓄電池専門店とくとくショップ」

自家消費型太陽光発電では発電設備である太陽光パネルと併用することで威力を発揮する極めて重要な設備機器である蓄電池の専門販売店です。

最低価格保証と提案力、解決力という強みを前面に打ち出し、大変好評をいただいています。

公式サイト「蓄電池専門店とくとくショップ」
https://wajo-holdings.jp/battery/

◘太陽光発電のO&Mサービス「とくとくサービス」

太陽光発電所の発電状況を監視し、定期的なメンテナンスをすることで、特に遠隔地にある発電所の収益性を維持するためのサービスです。自己託送を適用して太陽光発電所を運営するお客様にとって、今後需要が大きく拡大すると見込まれている事業です。

太陽光発電所は「作ったら放置でOK」というものではないため、いかに効果的なメンテナンスをするかが収益性、利回りに大きく影響します。「とくとくサービス」は適切なサービスで投資家にとって重要な収益性を守ります。

公式サイト「とくとくサービス」
https://wajo-holdings.jp/service/

◎農業と太陽光発電の連携を実現する「和上の郷」

農業と太陽光発電を両立する、ソーラーシェアリングを設計から提案、施工、そして営農も含めた運営を行っています。すでに関西を中心に各地で営農と発電が実現している農地を有し、これからもこの理想的なモデルを拡大していくために各種の活動を行っています。

公式サイト「農地所有適格法人　株式会社和上の郷」
https://wajo-holdings.jp/agri/

◎電力自由化の時代にふさわしい、オトクでエコな電力「和上電力」

電力自由化には、お客様が電力会社を自由に選択できるというメリットがあります。太陽光発電やオール電化といったエネルギー関連事業を通じて電力供給のあり方について研究を続け、社会に提案をし続けてきた私たちにとって、新電力は一つの結論です。お客様の負担なしでオトクな電力を安定供給いたします。

公式サイト「和上電力」

https://wajo-holdings.jp/energy/

おわりに

　最後までお読みいただき、本当にありがとうございます。本書では太陽光発電の自家消費というテーマについて、そのメリットや必要性についてさまざまな角度から解説、論じてきましたが、いかがでしたでしょうか。

　すでにご存じだった話、初めて知った話、意外だった話など、お読みいただいたあなたの心の中に何らかの「爪痕」を残すことができれば幸いです。

　考え方や方法論はさまざまですが、昨今の気候変動や自然災害の頻発ぶりを見ていると、地球環境に不穏な兆候が出ていること、それを食い止めるためには二酸化炭素の排出削減など具体的なアクションを起こさなければ手遅れになるという認識は世界共通のものだと思います。

　だからと言って当社にとっての環境保護とは、思想ではありません。思想は理念を語るだけで具体的なアクションにつながらないことも多く、それでは意味がありません。

　環境保護と資本主義経済は共存できないという古典的な考え方がありますが、今は違います。環境ビジネスという新しい経済が確立し、投資家にとって「環境」は有望な利回り商品になっています。さらに自家消費型太陽光発電を普及させることでエネルギー供給のリスクヘッジが機能し、さらにはスマートグリッドへと進化していくことで社会全体のリスクヘッジが実現します。

これからは企業だけでなく投資家が環境を意識し、グリーン調達やRE100などの取り組みが広がっていくのは間違いありません。

これからの環境ビジネスは有望な投資案件であり、企業にとって環境への意識が低いことは「ダサい」「時代遅れ」という時代になっていくのです。いえ、すでにそのような時代が始まっており、RE100やESGなどの要件を満たしていない企業は大企業との取引を継続できない事例が現実に起きています。

自家消費型太陽光発電は、私たちの未来に欠かせないとても重要な概念であり、技術であり、成長産業なのです。本書をお読みいただいたことが、そのような未来と出会うきっかけになることを願いつつ、本書を締めくくりたいと思います。

著者

脱炭素社会の大本命
「自家消費型太陽光発電」がやってくる!

2021年6月16日　初版第1刷

著　者────────────石橋大右
発行者────────────松島一樹
発行所────────────現代書林
〒162-0053　東京都新宿区原町3-61　桂ビル
TEL／代表　03(3205)8384
振替00140-7-42905
http://www.gendaishorin.co.jp/

ブックデザイン＋DTP──────吉崎広明（ベルソグラフィック）
図版──────────────にしだきょうこ（ベルソグラフィック）
カバー写真───────────Diyana Dimitrova/shutterstock
本文章扉写真──────────Vaclav Volrab/shutterstock

印刷・製本　㈱シナノパブリッシングプレス
乱丁・落丁本はお取り替え致します。

定価はカバーに
表示してあります。

ISBN978-4-7745-1898-5 C0054